心流 2.0

在复杂世界中创造最优体验

FLOW 2.0 OPTIMAL EXPERIENCE IN A COMPLEX WORLD

［美］斯图尔特·唐纳森
（Stewart Donaldson）
［美］马修·杜宾
（Matthew Dubin）
/ 著
晏卿 / 译

中信出版集团｜北京

图书在版编目（CIP）数据

心流 2.0 /（美）斯图尔特·唐纳森,（美）马修·杜宾著 ; 晏卿译. -- 北京 : 中信出版社, 2025.8.
ISBN 978-7-5217-7566-2
I. B84-49
中国国家版本馆 CIP 数据核字第 2025YK3377 号

Flow 2.0: Optimal Experience in a Complex World
Copyright © 2025 by John Wiley & Sons, Inc. All rights reserved.
Authorized translation from the English language edition published by John Wiley & Sons Limited.
Responsibility for the accuracy of the translation rests solely with
China CITIC Press Corporation and is not the responsibility of John & Sons Limited.
No part of this book may be reproduced in any form without
the written permission of the original copyright holder, John Wiley & Sons Limited.
Copies of this book sold without a Wiley sticker on the cover are unauthorized and illegal.
Simplified Chinese translation copyright © 2025 by CITIC Press Corporation.
All rights reserved.
本书仅限中国大陆地区发行销售

心流 2.0
著者：　［美］斯图尔特·唐纳森　［美］马修·杜宾
译者：　晏卿
出版发行：中信出版集团股份有限公司
　　　　　（北京市朝阳区东三环北路 27 号嘉铭中心　邮编　100020）
承印者：　北京通州皇家印刷厂

开本：880mm×1230mm 1/32　　印张：6.75　　字数：150 千字
版次：2025 年 8 月第 1 版　　印次：2025 年 8 月第 1 次印刷
京权图字：01-2025-2499　　　书号：ISBN 978-7-5217-7566-2
　　　　　　　　　　　　　　定价：59.00 元

版权所有·侵权必究
如有印刷、装订问题，本公司负责调换。
服务热线：400-600-8099
投稿邮箱：author@citicpub.com

目录

译者序　积极心理学不死：致敬"温柔的巨人"　　　　　　　　V
前言　　　　　　　　　　　　　　　　　　　　　　　　　　XVII

导言　认识心流　　　　　　　　　　　　　　　　　　　001
实证基础　　　　　　　　　　　　　　　　　　　　　　　002
PERMA 与 PERMA+4 架构　　　　　　　　　　　　　　　　005
心流 2.0：复杂世界中的最优体验及未来图景　　　　　　　008

第一部分
心流的科学

第一章　心流与最优体验　　　　　　　　　　　　　　　013
心流体验发生的条件　　　　　　　　　　　　　　　　　016
心流体验的特点　　　　　　　　　　　　　　　　　　　024

第二章　集体心流　　　　　　　　　　　　041

相关术语　　　　　　　　　　　　　　　　043

创造集体心流的十个要素　　　　　　　　　045

集体心流的力量　　　　　　　　　　　　　061

第二部分
生活情境中的心流 2.0

第三章　新数字化和混合型工作世界　　　067

职场乃发现心流之地　　　　　　　　　　　068

积极心理学走进工作　　　　　　　　　　　069

职场积极心理学 2.0　　　　　　　　　　　071

工作投入与心流　　　　　　　　　　　　　073

在纷扰的时代保持对工作的专注　　　　　　075

促进工作中的心流　　　　　　　　　　　　079

结论　　　　　　　　　　　　　　　　　　083

第四章　在运动与休闲中发现心流　　　　087

心流与休闲　　　　　　　　　　　　　　　088

跟随心流　　　　　　　　　　　　　　　　090

心流、电视与电子游戏　　　　　　　　　　095

心流与体育运动　　　　　　　　　　　　　099

结论 108

第五章　数字社会中的心流　111

心流与人工智能　117

过度心流：减少可能的数字心流成瘾与孤独感　121

心流的未来：在数字和物理世界交互中找寻平衡　124

最优体验的最优未来　129

第三部分
心流属于所有人

第六章　心流、意义与人类未来　137

米哈里希望传之后世的积极心理学　138

对积极心理学的批判　145

如何活出心流人生　148

结论　154

关于作者　159

参考文献　163

译者序
积极心理学不死：致敬"温柔的巨人"

收到翻译此书的邀约，看到原版书封上赫然写着"致敬米哈里·契克森米哈赖"，那一刻，我的使命感瞬间达到了顶峰。我很高兴这本书能够与中国读者见面，让更多的人了解心流和积极心理学，也认识这位"温柔的巨人"，以及他为我们当今时代留下的宝贵精神财富。

翻译此书时，正是世界发生巨变的时期：一边是DeepSeek横空出世，机器人跑上大街，走进工厂；另一边是加州洛杉矶史无前例的山火灾害，把昔日的天使之城烧成世界末日的既视感……应接不暇的新变化，让很多人陷入混乱、迷茫。而在职场中，在生活里，我们的注意力正在被数字媒体的信息洪流打成碎屑。现代社会的运作逻辑，似乎并没有带领我们靠近幸福，反而冲击了心灵秩序，制造了精神熵增，让我们身临其境地感受到一个充满脆弱、焦虑、突变且不可知的"巴尼"时代。未来会怎样？要如何适应？科技终究要带领我们去哪里？这些问题萦绕在当代人的脑海。与任何时候相比，我们现在都更需要心流。

《心流2.0》的问世，无疑是我们所有人的一个福音，它关乎我们在今天的数字时代如何重建心灵秩序。站在积极心理学巨人的肩膀上，它像一盏明灯，指引我们看到一条有希望的路。

致敬米哈里教授

很感激，在阔别校园多年后，依然能够通过翻译此书，与自己的教授和学长围绕我们共同熟悉和热爱的话题——心流和积极心理学——进行深度的心灵对话。翻译此书的过程，让我时常回想起在克莱蒙特研究生大学（CGU）跟随米哈里和唐纳森两位教授学习的点点滴滴。

回想十二年前，在"积极组织发展"课堂上，唐纳森教授与我们讲起积极心理学的历史和使命，讲他和米哈里在克莱蒙特研究生大学共同创建积极心理学博士项目的心路历程。课堂上有二三十个学生，我作为唯一一个来自中国大陆的学生，因为听到关于这门新兴学科的最新知识而热血沸腾。现在，我回想起来，那个场景依旧清晰如昨日。

我也永远记得，唐纳森教授（当时是我的第一导师）在一场学术论坛结束时，亲自把我领到米哈里教授面前，正式请他担任我的第二导师，这才终于让我有机会在积极组织心理学和心流的交叉领域坚持自己感兴趣的研究。那是我生命中的高光时刻，因为当时克莱蒙特研究生大学的师生都知道，米哈里教授很少带组织心理学和商科的学生，他选择离开德鲁克管理学院，来到心理系，并把大部分时间和精力都投到了发展和教育心理学领域。自那以后，我有幸无数次地拜访米哈里教授的办公室，与他面对面地深度交谈。每一次，我都是心流如注，收获满满。

我对于米哈里教授的景仰，始于心流，陷于学术，终于人格。杜宾学长在书中所描述的与米哈里教授一起工作的感受，我完全感同身受——他的静水流深、仁厚温润，他那标志性的反讽式幽默，还有他的海纳百川、鉴往知来的格局。在有生之年，与当今时代这样一位圣人相处的经历及印记，是无可比拟的，也是不会磨灭的。

作为学者，米哈里教授致力于让积极心理学和心流的科学研究更严谨，以创造出可靠的知识。他在整个学术生涯中，一直试图让千百年来存在于人类体验中不可言说的某种神秘力量（心流），变成一种可定义、可测量、可研究的科学话题。同时，他更是一位哲学家和艺术家。所以我们所读到的他的书，囊括了他从心理学、哲学、宗教、艺术等领域，以及其丰富的人生经验中汲取的智慧。更可贵的是，他从不以心流自居，而是始终保持谦卑和批判性思考。

国内的广大读者和积极心理学同人可能还没有真正领略米哈里教授的深刻思想与人格魅力，通过唐纳森和杜宾这两位与米哈里教授近距离接触的学者的分享，你能够更好地了解他，包括他在克莱蒙特研究生大学课堂中传授的知识，他从经历二战到成为心理学巨匠的传奇人生，以及他对人类未来的美好愿景。若要更全面地了解米哈里教授所要传播的心流和积极心理学，就不能只读《心流》（"心流1.0"），还要读他的更多作品。《心流2.0》可以作为一个重要的科学向导，书中不仅有前沿的知识，还有对米哈里教授著作的解读。

若要有效传播和推动一个崭新的领域，往往需要具有影响力的意见领袖，这本书的作者之一唐纳森教授无疑是这样的人。唐纳森教授是我的亲密导师与同事。他是一位坚定不移的积极心理学推手，也是一位具有远见卓识的创新领导者，更是一位和蔼可亲的学术领航者。从我进入这个领域，十多年来，我见证了他的知行合一，他不遗余力地开拓创新，将他的愿景变成现实。他通过担任克莱蒙特研究生大学社会科学学院院长、评估师学院执行主任，以及世界积极心理学大会主席、西部积极心理学协会主席等职位，推动积极心理学在全球蓬勃发展。他对积极心理学的信念、热情与感召力，感染和激励着他的每一个学生。

在米哈里教授的支持下，唐纳森教授在担任克莱蒙特研究生大学社会科学学院院长期间，做出多个创举：开设第一个积极心理学博士项目，而且是跨学科的项目；要求所有硕士生学习项目评估学，以促进积极心理学的应用发展；要求所有博士生不仅要学习积极心理学，还要学习一门传统心理学（比如组织心理学或发展心理学），并进行融合，以达到更为平衡的视角。这一切的课程设置，源于他的一个不变的初心——跨越学术与实践的鸿沟，减少博士生在高校领域的过剩，培养真正对解决现实问题有用的人才。唐纳森经常挂在嘴边的一句话就是："我不要等到更长远的以后，我要在有生之年看到研究成果落地。"这使得我们接受的积极心理学教育，从一开始就是跨学科的，也是接地气的，同时采用系统性的研究方法，兼具科学严谨与专业性。

在接受米哈里、唐纳森，包括与米哈里紧密合作的珍妮·中村三位教授指导的过程中，我的能力得到了巨大提升，从他们身上，我感受到某种友善和不妄加评判所带来的强大力量。他们提的很多问题，让我思考良久，且至今指引着我，让我在心流领域满怀好奇、不知疲倦地探索。

关于《心流 2.0》

与我所知道的其他积极心理学图书不同，《心流 2.0》源自由心流之父开创的独特的积极心理学。

它会挑战我们对心流的很多认知。书中有丰富的文献、文摘和案例，以及深刻的洞见，为我们提供了一场关于心流的盛宴。作者对心流话题（比如微心流、宏心流、集体心流、心流体验、心流活动、心流人格）做了全面而精练的综述。我们将在这本书中进一步了解这些从不同角度对心流的探索。

这本书可以解答我们对心流话题长期持有的一些困惑：沉迷手机或网剧，是心流吗？创造心流的方式是游戏化吗？这些会帮助我们破除有关心流的一些误区。

这本书为我们解决当今时代迫在眉睫的问题提供了新的思路和方向：如何在数字时代的工作场景下创造心流？杜宾学长对此做了很有价值的研究。他在书中分享了自己的研究成果和建议。

这本书不仅指导个人如何在数字时代活出心流人生，还关乎我们在工作中如何发挥优势与美德，创造社交心流、集体心流，激发团队创造力和最优功能。借助心流话题，这本书把积极组织心理学中关于团队、领导力、员工投入等很多实用的知识串联了起来，给组织机构的领导者、管理者、政策制定者带来启示。这些话题为心流增添了新的维度。

唐纳森教授为我们展现了积极心理学领域的宏观视角，介绍了该领域的最新研究进展，也以实际行动回应了米哈里教授对积极心理学的展望——要更注重体系观和积极的组织机构发展，并融入批判性思考。

总之，这本书对"心流1.0"做出了更具科学性和系统性，也更为符合当今时代的解读。读完这本书，你将为自己现在及未来的生活、工作确立崭新的目标，并明确新的方向。例如，我们会明白，相比于更容易获得、复杂度更低的微心流，我们更需要创造具有强意向性、全面深入的宏心流，以抵御时间碎屑的威胁。

保持好奇，保持批判性思考

米哈里教授留给我们的一项重要精神遗产，是批判性思考，这也成为这本书区别于其他积极心理学作品的一个标志。阅读这本书，你会按下自己内心的批判性思考开关。书中会向你呈现心流的阴暗面，以及质疑积极心理学的声音。令人振奋的是，唐纳森教授及其同事正在以评估的视角审视这些争议，并以建设性的方式提供改善建议。这一举措，堪称积极心理学界的一场正念觉醒，正所谓，在积极中有平衡，在平衡中有积极。

米哈里教授曾不断提醒我们，实践超前于科学研究可能带来麻烦。我很少谈论和宣讲心流，因为它在学术界还是一个莫衷一是的概念——这对一个复杂的心理现象而言是非常正常的。当然，如果从东方文化视角和现象学层面去看，我们对心流会有更多新解。

记得有一次我采访米哈里教授，和他聊起文化视角下的心流，他说："其实中国的《道德经》里充满了心流般的思想。所以我觉得，古人早已知道心流了，只是他们的解读不一样——他们认为生活是受神影响的，奇迹从天而降，那是他们对心流的解读方式。现在，我们可以用科学的方式来解读心流，这种方式或许并不比其他解读方式好多少，但它至少提供了另一种独特的理解。因为有了科学工具，我们得以观察和研究心流体验，开始对它形成一些科学共识，所以大家比较喜欢这种方式，而不是别的方式。或许100年后，我们这种解读方式也会被那时的人认为是幼稚的（笑）……不过，我们现在可以相信科学，可以把心流作为一种解读方式来使用。"

因此，我希望大家在阅读此书时，保持开放好奇，保持批判精神。我们对于心流的认识刚刚开始。对学者而言，可以思考不同的哲学范式如何影响我们定义和测量心流。对实践者而言，可以将书中的批判性思考引入自己的实践进行自省。对个人学习者而言，我们可以带着好奇，将从书里吸收的知识引入生活，并探索和反思哪些知识适用于自己。

一起面向未来

这些年，我在做研究之余，也零星做一些科普性工作，并担任教练。很多朋友让我推荐相关图书，我总是发愁没有合适的图书。现在，看到这些振奋人心的知识终于能够以一本书的形式，传递给更多中国读者，作为这些知识的受益者和贡献者之一，我感到很开心，也很自豪，并满怀期待。

尽管要让这门年轻学科在一个新的文化里真正落地生根，还有很多挑战，还需要开展很多实际工作，但因为学了积极心理学，我已深度受益，我发现与身边的同龄人相比，我更能够活在自足的内心世界里，活在心流里，保持创造力，内心充满笃定感和希望感。

随着这本书的问世，相信很多人会和我一样，走进积极心理学，因为这些知识而推开新世界的一扇门。相信书中的这些知识，会更好地将我们联结在一起，去展开一些有意义的对话，并创造真正的改变。

2025年年初，我和唐纳森教授开了一次会，结束时，我们分享了彼此的研究进展，并相互鼓励。唐纳森教授突然半开玩笑地说："我是不会让积极心理学死掉的。"听到他这样说，我很感动，也很振奋。

积极心理学不死，这并非一句摇滚口号，也并非空中楼阁，它的背后有严谨的科学，有冷静的思考，有时代的召唤，有肩负创造人类幸福未来的使命。远见卓识的巨人已经帮我们看到了最好的未来。

积极心理学不死，因为它就是人性中固有的规律，一种与人共存的精神。这个时代，所有代表和推进人类进步的科学，都必将经历一个与人的积极心理校准的过程。正如书中有这样一句话深入我心："如何正确驾驭人工智能的力量为善，这将是我们这个时代的一个明确目标。"

"温柔的巨人"已离开我们，但他留给我们的精神遗产，正在随着时间迸发出更磅礴的生命力量。在这本书中，我们将重温、延伸与传承这种精神遗产。

米哈里教授的学生大多通过与之探讨学术话题、做科学研究，以及结合实践深度思考而洞悉心流，并自然使其在自己的各类实践中显现价值，他们似乎发展出了某种底层智慧，可以创造性地运用心流知识。或许接下来的一个问题是：如何通过系统性干预，支持人们了解和发现心流，并有效应用心流知识，创造数字时代的美好生活？

前言

1990年，米哈里·契克森米哈赖教授的《心流》一书问世。这本书告诉我们："学会掌控内在体验的人，将能够决定他们的生活质量，这就是几乎人人都能够活出的幸福状态。"

2000年，马丁·塞利格曼和米哈里·契克森米哈赖在他们合作发表的文章中写道："积极心理学是关于积极主观体验、积极个体特质和积极组织机构的科学，它致力于改善人们的生活质量，并预防贫瘠和无意义的生活所带来的疾病。"

然而，许多人都会认同，我们现今生活的时代已经与米哈里教授向我们介绍心流和他的积极心理学科学愿景的时代大不相同。今天，世界正以持续加速的节奏发展。近些年来，技术给我们的日常生活带来全新的挑战，远程的和混合式的学习环境、工作场所随处可见，与此同时，我们与人工智能和社交机器人的互动也已经成为常态。

米哈里教授生前所传授给我们的人生智慧远非本书所能尽述。我们谨以此书，致敬他留下的宝贵遗产，并向世人展示，他的伟大贡献可以与时俱进，改善我们当下及未来的生活。

我（唐纳森）初次接触到米哈里教授的作品是在 20 世纪 80 年代末，当时我还是一名研究生，我读到他写的《超越无聊与焦虑：在工作与玩耍中体验心流》（1975 年）一书，深受鼓舞和启发，立刻被他圈粉，从此一直密切关注他的作品。1999 年，我得到一个激动人心的消息，他即将离开芝加哥大学，加入我们克莱蒙特研究生大学的教职团队。谁承想，在接下来将近 20 年的时间里，我们竟成了亲密的朋友和同事，并携手参与了诸多成果丰硕的项目。例如，2006 年，我们与同事珍妮·中村一起，在克莱蒙特研究生大学设计并开展了首个以研究为主导的博士和硕士课程项目。这些项目后来深受欢迎，取得了超乎想象的成功。2013 年，我们在洛杉矶共同筹办了世界积极心理学大会，同年创建了西部积极心理学协会，一起在董事会任职，参加世界各地的各类积极心理学会议，担任许多积极心理学博士论文的评审委员，并在2020年共同出版图书《积极心理科学：放眼全球，改善日常生活、幸福感、工作、教育和社会》，该书已发行两个版本。这类卓有成效、心流满满的合作活动还有很多。20年来，与米哈里的友谊与合作在我的学术生涯中留下了不可磨灭的高光印记。能够有这些机会，我感到荣幸之至。

当我（杜宾）在密歇根大学读本科时，在克里斯托弗·彼得森博士（我的另一位贵人和导师）的积极心理学课上，我知道了"心流"这一概念。那是我首次了解到米哈里教授，领略到他的卓越才华。通常要说某件事"改变了我的人生"多少有些夸大其词，但《心流》确实改变了我的人生，这毫不夸张。正是米哈里教授的教导，让我终于找到了合适的语言，去理解我生命中最美好的时刻，以及我不断找寻的那些美好体验。在密歇根大学读完四年本科之后，我打算回到我的故乡南加州发展，当时我得知，位于南加州的克莱蒙特研究生大学开设了全美唯一一个积极心理学博士项目，而米哈里教授是联合创始人，我感觉这像是命运的安排。2011年，当我第一次走进他的办公室，看到数千份论文堆在他的桌上，铺满他的桌面时，他靠在椅背上，面带微笑，他的笑容感染了我，让我感到如此平静。我有很多问题想问他，而他总是把话题转到我自身、我的兴趣和我的想法上。他确实是我所遇到过的最谦逊的人，没有一丁点儿以心流概念提出者自居的架势，而是置之于身外，兴趣盎然地探索它。这给我的感觉就像是，某些广为流传的经典歌曲似乎已然属于每一个人，像是原创艺术家送给世界的一份礼物。

后来，米哈里教授成了我的博士论文导师和评审委员会主席。在接下来的八年里，正是在这间办公室，我有幸与他进行了无数次交流，那些倾心交谈的时刻成为我生命中的巅峰心流体验。他真诚地关心和支持他的学生，在他眼里，每一个学生都是完整的个体，有着复杂的外部生活与内心世界。自从他去世后，我每天仍然能感受到他的存在，每当我面临复杂的抉择时，我都会想："米哈里教授会怎么说，怎么做？"直到现在，每当我坐下来创作这本书时，我都感到他就在这里，与我同在。这也是我创作这本书的过程中感到最美好的部分。他是积极心理学领域的巨匠，同时，也是一位真正具有人文关怀精神的巨人。

当得知这位"心流之父"与世长辞时，我们都深感悲痛。他的离开，无论是对于我们，还是对于整个专业领域来说，都是一个令人难以接受的巨大损失，一时间我们也很难帮助克莱蒙特研究生大学公共关系团队去分享关于他的故事，尽述他对世界各地的读者产生的了不起的积极影响。

***

经许可，我们在此摘录克莱蒙特研究生大学发布的部分内容。

"心流之父"米哈里·契克森米哈赖（1934—2021）

2018年，米哈里·契克森米哈赖在克莱蒙特举办的西部积极心理学协会大会上发表演讲，题为《寻找幸福》。

在2004年的TED演讲中，米哈里·契克森米哈赖向台下观众讲述了自己早年的经历。那是20世纪50年代，16岁的他到瑞士旅行（但他没钱去滑雪，甚至没钱去看一部电影），他听说苏黎世有一场免费讲座，主题是关于飞碟的。

对他来说，这听起来很有趣，既然免费，他决定前往。

那晚，那个主讲人并没有谈论外星人，而是欧洲人的心灵如何因二战受到重创，以至于他们产生了心理投射，幻想天空中出现了 UFO（不明飞行物）。那个人说，这是一种心理应对机制，人们通过这种方式试图从无法解释的战乱中寻找秩序。

当时米哈里并不知道，那位主讲人正是卡尔·荣格，荣格的讲座对他后来的人生产生了深远的影响。他也目睹了战争造成的创伤——在二战中，他失去了两个哥哥。这一切激发了他研究心理学的强烈热情，他渴望理解何为有意义的人生。在 22 岁那年，他移居美国，学习心理学。

正是他对人生意义的孜孜求索，造就了他后来备受赞誉的职业生涯。多年后，他成为积极心理学这一受欢迎的新兴学科领域的开创者之一，同时也成为"心流之父"（心流指的是一个人完全沉浸于一项活动时的最优心理状态），因而广受赞誉和关注。

这样一位先驱人物，在克莱蒙特研究生大学校园里，师生们都亲切地称他为"迈克 C."。得知他逝世的消息，全校师生都表示沉痛哀悼。据他的家人在脸书（现名 Meta）上发布的信息，2021年10月20日，米哈里在他位于克莱蒙特的家中去世，享年87岁。当时，他被家人们围绕着，与他相伴了60年的妻子伊莎贝拉，一直守在他的床边。

来自校内外的回应

克莱蒙特研究生大学校长伦恩·杰瑟普和社会科学、政策与评估学院院长米歇尔·布莱向全校师生及组织与行为科学系的成员传达了米哈里去世的噩耗。

克莱蒙特研究生大学特聘教授、评估师学院执行主任斯图尔特·唐纳森曾与米哈里共同创建了这所大学的开创性积极心理学课程项目。虽然知道他近些年身体一直抱恙，在得知他逝世的消息时，唐纳森依然感到震惊，感觉像是失去了一位至亲。

唐纳森说："自从我父亲去世以来，我还没有感到如此失落。米哈里是一位如此值得信赖的朋友，我从他那里学到很多。他是我所认识的最有临在感的人之一。他总是认真倾听你，活在当下，活在心流中。我想，正是因为他对这一课题研究了很长时间，所以他知道如何在最优状态中生活。"

噩耗也传到了校外的许多人那里，包括宾夕法尼亚大学荣休心理学教授马丁·塞利格曼。他曾在20世纪90年代末与米哈里共同开创了积极心理学。

塞利格曼在得知这个消息时,他的第一个孙子刚刚降生,他说自己原本正在经历为人祖父母的喜悦,一下子跌进了"失去同事和朋友的极深悲痛"。

米哈里的前同事和学生在社交媒体上也表达了同样的悲痛之情,匈牙利新闻界也是如此。*Boing Boing* 杂志称他为"传奇人物";《布达佩斯时报》和《今日匈牙利》赞誉他为"心流理论架构师"。《匈牙利日报》颂扬了他的职业生涯,并称他是一位"理论征服了世界的"心理学家。

早年移居克莱蒙特

米哈里于1934年出生于意大利的阜姆(现为克罗地亚的里耶卡),他的父亲是匈牙利外交官阿尔弗雷德·契克森米哈赖(原姓豪森布拉斯),他的母亲是伊迪丝·扬科维奇·德·耶森尼策。作为战后罗马的一个难民,他曾在托尔夸托·塔索古典中学就读,并对心理学产生了浓厚的兴趣。

1956年,他移居美国,在芝加哥大学学习心理学,并在创造力学者雅各布·W. 格策尔斯的指导下,撰写了关于艺术创造力的博士论文。那时，他遇到了就读俄国史专业的研究生伊莎贝拉·塞莱加。他们于1961年结婚，在接下来的十年里，米哈里在伊利诺伊州的森林湖学院教书，1971年，他到芝加哥大学任教。

到20世纪90年代，他从芝加哥大学退休，克莱蒙特研究生大学德鲁克管理学院的珍·利普曼·布卢门聘请他教授心理学和管理学。他的到来也引来一批批心理学专业学生蜂拥至他在德鲁克管理学院的办公室，显而易见，一些特别的事情正在校园里悄然发生。当时，他收到南加州大学的邀请，希望他去到那里创办自己的课程项目，而唐纳森挽留了他，请求他在克莱蒙特研究生大学的行为与组织科学系开课。他同意了。

唐纳森回忆说，他们原本以为他们的积极心理学课程项目只是隶属于院系其他课程项目的一个小众方向，然而唐纳森补充道："这个方向却迅速发展起来，在培养了数百名毕业生之后，已然拥有了它自己不可思议的生命力。"

与心流相关的创新、出版物和荣誉

米哈里是积极心理学的开创者之一，他最为世人所熟知的是他对"心流"概念的研究。这一概念描述了一种最优体验状态,在其中,个人技能与情境中的挑战相匹配。

他的许多研究成果都得益于一种创新研究方法。他开创性地使用寻呼机和问卷收集人们对自己日常体验的自我报告,从而建立数据库。

1990年,《心流》出版并畅销,这本书以温暖、人文的散文风格,呈现了基于研究数据而得出的结论。后来,他的其他几本书也陆续出版,包括《自我的进化》(1993年)、《创造力》(1996年)和《好生意》(2003年),他在各个方向上拓展自己的理论。

米哈里的研究方法为日常体验生成了一个横截面,与许多前辈相比,他的分析更注重积极的状态体验,比如愉悦、创造力。这种积极视角的研究也为他后来与塞利格曼合作奠定了理论基础。

2000年,他们在美国心理学会的旗舰期刊《美国心理学家》上联合发表了一篇有影响力的论文,向学界介绍了积极心理学。米哈里也因此被任命为美国艺术与科学院院士,并被授予2009年的克利夫顿优势奖和2011年的塞切尼奖。

曾于1998年担任美国心理学会主席的塞利格曼回忆

了他邀请米哈里一同撰写这篇开创性学术期刊论文的过程："在我准备美国心理学会主席工作主题的过程中，米哈里发挥了巨大的作用，以至于我坚持让他成为那篇论文的共同作者。"

米哈里获得的其他奖项和殊荣还包括2014年获得了匈牙利授予的荣誉勋章"大十字勋章"。米哈里在网络上也拥有众多忠实追随者。2004年，他发表TED演讲《心流：幸福的奥秘》，该视频迄今的点击量已超过660万次。

***

多年来，米哈里不仅影响了我们，也以各种方式影响和改善了千千万万人的生活。我们决定，要以一些行动来纪念米哈里所做的一切，我们想要向他致敬。在考虑了多种方式之后，最终，我们决定一起写这本书。

毕竟，米哈里曾在《心流》一书中这样教导我们："写作为思想提供了一种有纪律的表达方式。"

米哈里教授的深刻思想和卓越贡献，如何帮助今天的我们和世人，应对越发复杂的生活和日益纷繁的世界？这就是我们试图在本书中回答的问题。借由此书，我们希望让米哈里对后世的影响保持鲜活且完好，分享我们从他那里收获的丰富的真知与灼见，以便我们在未来的岁月里享有更优的体验，活出更充实的人生。

斯图尔特·唐纳森

加利福尼亚州克莱蒙特

马修·杜宾

加利福尼亚州洛杉矶

导言
认识心流

对意识的掌控决定了生活质量。

——米哈里(《心流》,1990 年)

米哈里·契克森米哈赖是我们的同事、导师,也是伟大的朋友。他传奇的一生对我们自己,以及其他同事、学生,乃至世界各地的人来说,都产生了深远影响。在生命的最后二十年里,他与同事们一起开创了一个崭新的科学与实践领域——积极心理学(Donaldson et al. 2023)。积极心理学是"关于积极主观体验、积极个体特质和积极组织机构的科学,它致力于改善人们的生活质量,并预防贫瘠和无意义的生活所带来的疾病"(Seligman and Csikszentmihalyi 2000, p.5)。

当然，威廉·詹姆斯和亚伯拉罕·马斯洛等其他心理学先驱也为当代积极心理学奠定了基础，但是直到20世纪末，米哈里·契克森米哈赖和他的合作伙伴马丁·塞利格曼才明确提出如何构建实证研究体系，一门严谨的积极心理学科学才得以真正兴起 (Donaldson et al. 2023)。根据米哈里的清晰描述，积极心理学将可能悄无声息地改变我们对于人性的理解，从而可能为人类的未来带来新的希望（Csikszentmihalyi 2020）。他为我们指出了一个振奋人心的愿景："拥抱积极心理学这一心理学新视角，必将收获有意义的人生。"

实证基础

自米哈里及其同事指出积极心理学实证研究的方向以来，二十多年间，围绕各类积极心理学话题产生了大量的同行评议的科学研究，从而支持有实证基础的实践蓬勃发展，包括测评、开发和优化那些能够带来幸福和积极表现的基本要素 (Donaldson et al. 2023)。如今，还有可靠的实验研究证据显示，旨在改善生活幸福感和积极表现各方面基本要素的积极心理干预总体上是有效的，并且在某些特定条件下效果非常好 (Donaldson et al.

2021)。

在对积极心理学第一个十年里产生的实证研究证据进行了广泛审查后,塞利格曼于 2011 年提出一个幸福架构,用以指明培养和维持幸福感的路径或基本要素。他将这一架构命名为 PERMA,并认为,通过构建这五个可测量的幸福基本要素,我们就可以积极提升幸福感。

1. 积极情绪(Positive emotions):在当下体验幸福、快乐、爱、感激等。

2. 投入感(Engagement):在参与生活中的各类活动时,高度专注,或体验到心流。

3. 积极关系(Relationships):能够与他人建立并维持积极、互惠互利的关系,以爱与感激的体验为特征。

4. 意义感(Meaning):感到与超越自我的事物有联结,或者服务于更高的目标。

5. 成就感(Accomplishment):精通某一特定兴趣领域,或是实现重要(或具有挑战性)的生活和工作目标。

2018 年,塞利格曼对 PERMA 架构进行了改进,并指出这五个基本要素并不是绝对的,还可能有其他有实证基础的基本要素纳入进来,使该架构更加完善。唐纳森与同事(2019, 2020, 2021b)开展了广泛而系统性的文献综述、元分析,以及一系列定性评估,以确定该架构是否可以扩展,如何扩展,从而使其更好地适用于与工作相关的情境,以及生活在具有挑战性环境中的人(比如身体和社会心理条件不佳,面临不平等和贫困挑战的人)。他们希望明确,在原先的五个要素基础之上,还有哪些额外的要素可能有助于促进幸福感和积极表现。最终,他们又发现了四个基本要素,能够对幸福和积极表现做出额外贡献,因此考虑将它们纳入 PERMA 架构(Donaldson and Donaldson 2021b; Donaldson et al. 2020)。这四个新的基本要素分别是:

1. 身体健康(Physical health):体现在生理、功能和心理方面的高健康水平。

2. 积极思维(Mindset):具有成长型思维,对生活报以乐观、面向未来的心态,并把挑战或挫折看作成长机会。这也是积极心理资本、毅力和坚毅的体现。

3. 积极环境(Environment):与个人偏好相符的物理环境质量(包括时空方面的元素,如自然光、新鲜空气、人身安全和积极心理氛围)。

4. **经济安全**（Economic security）：感到财务安全稳定，个人需求得到满足。

扩展后的架构（见图0-1）被称为PERMA+4架构（有关PERMA+4架构发展和验证的详细情况，参见Donaldson et al. 2022）。

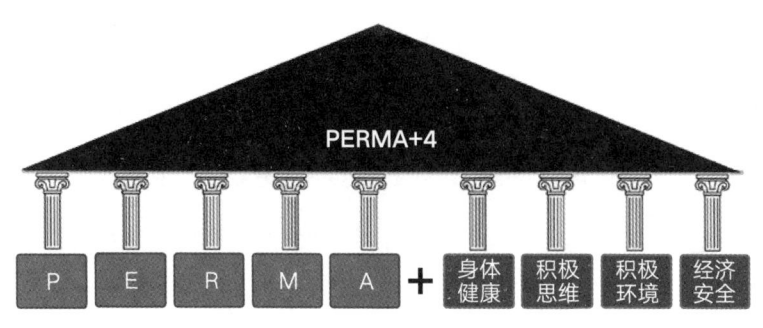

图 0-1　PERMA+4 架构

PERMA 与 PERMA+4 架构

越来越多的科学证据显示，PERMA 和 PERMA+4 架构可以为指导未来的积极心理学研究和实践带来价值（Cabrera and Donaldson 2023; Donaldson et al. 2022）。例如，十多年来的实证研究支持了 PERMA 架构中各要素与幸福感之间的关系（e.g., Kern et al. 2014; Kern et al. 2015; Seligman 2018），其中幸福感通常采用 PERMA 量表（Butler and Kern 2016）进行测量。这些研究为扩展和构建更全面的 PERMA+4 架构提供了基础。

PERMA+4 架构也经过了严谨的实证研究检验。唐纳森与同事（2019，2021b）开发并评估了工作积极表现（PFW）量表，用于测量 PERMA+4 架构的九大基本要素。结果表明，与其他相关量表（生活满意度：Diener et al. 1985；心理资本：Luthans et al. 2007）以及绩效量表（积极工作角色绩效：Griffin et al. 2007）相比，该量表显示出收敛效度、区分效度、准则效度、预测效度和增量效度，并且在不同工作职能的人群当中显示出测量一致性（Donaldson and Donaldson 2021b）。

研究也显示，PERMA+4 架构能够预测关键工作结果，如离职意向、工作相关的情感幸福感，个人、团队和组织的适应性、积极主动性和业务能力（Donaldson and Donaldson 2021a,b），以及学术成就（Weiss et al. 2024）。不仅如此，一系列的多特质多方法（MTMM）研究也进一步为 PERMA+4 架构提供了科学证据，结果明确显示，在排除了自我报告和单一方法偏差之后，PERMA+4 依然能够预测幸福感和积极表现（Donaldson and Donaldson 2021a; Donaldson et al. 2021）。

尽管 PERMA 和 PERMA+4 架构的普遍适用性还有待更多实证研究工作的检验，但目前的研究结果是令人鼓舞的（Cabrera and Donaldson 2023）。这一得到科学证据支撑的架构，显示出极大的应用潜力，可用于帮助学生、工作者、领导者和组织机构来明确需求，并指导未来积极心理干预和应用的设计与评估（Donaldson and Chen 2021）。

在将 PERMA+4 架构应用于你的生活时，我们想提醒你，记住米哈里的这条至理名言："快乐的生活是个人的创造，无法从配方中复制。"

PERMA+4 幸福与积极表现基本要素为我们提供了一个基于实证的幸福架构，以其为参照，人们可以在任何需要的时候，选择在自己生活中加强和关照某些方面。我们对它的应用可能因人而异、因时而异，在某些特定的时候，某些要素对一些人来说可能比对另一些人更有价值。未来的积极心理科学领域若能够进一步厘清 PERMA+4 各基本要素之间的相互联系和作用，那么该领域将再次迎来巨大的进步（Cabrera 2024）。

心流 2.0：复杂世界中的最优体验及未来图景

最新的 PERMA+4 架构借鉴并整合了许多前沿的积极心理学研究发现，其中，关于投入感（包括心流和最优体验）的研究，成为幸福感和积极表现的一块强大基石。在本书后续章节中，我们将深入探讨投入感这一构成幸福感和积极表现的基本要素。具体来说，我们将回顾米哈里教给我们的知识，关于如何全情投入地生活，以及如何保持健康的心流和最优体验，从而让生活更美好。此外，我们也将探索，与心流概念诞生之初相比，今天的世界发生了怎样的变化，并结合最新研究发现，探讨如何在这个快节奏、瞬息万变、虚拟与现实交融的世界里活出心流的 2.0 版本。

从第一章开始，我们将首先回顾米哈里传授给我们的关于心流和最优体验的基本知识。如果你还没有读过他的经典著作《心流》，这一章将带你总体了解此书的内容，或者如果你很久以前读过此书，并希望在今天及未来的生活中更多地应用书中的内容，我们也希望这一章能够带你温故而知新。在第二章中，我们将探讨如何一起获取心流，包括社交心流、团体心流或集体心流，这部分内容对于我们在今天多变的社会环境中应对复杂的社会关系和工作生活具有重要意义。在第三章中，我们将深入探讨米哈里如何通过积极心理学和心流影响我们当今时代的工作。他的诸多贡献教会我们，什么是好的工作和积极的职业发展，以及我们如何在工作中发挥出最佳状态，并体验高水准的幸福感，创造巅峰表现。

关于如何在体育和休闲领域中发现心流，米哈里也思考和撰写了大量内容。因此在第四章中，我们分享了一系列体育领域的案例，关于许多运动员所知的终极最优体验——"化境"，以及它带来的巅峰表现。在数字社会，我们不得不生活在一个多任务工作和注意力分散的世界中，因此在第五章，我们将探讨，在高度复杂和快节奏的数字社会中，心流将何去何从。最后，我们将分享米哈里的深刻见解及其对我们个人和生活带来的影响。这些见解有的来自我们与他面对面的交谈，有的来自他的专业文献和课堂教学。我们将探索，他的这些真知灼见如何帮助我们教导他人获得有意义的最优体验，过上充满幸福和积极表现的美好生活，以及最终如何在未来的日子里，创造个人和社会层面的人类繁荣。

我们写这本书，旨在致敬米哈里为后世留下的宝贵遗产，并分享他关于心流和积极心理学的诸多思想，使其在今天及未来被更多人了解和运用。在接下来的章节中，我们将为你呈现，在过去二十年积极心理学科学的发展历程中，我们所了解到的心流，以及如何运用这些发现和原则，指导我们在各种复杂多变的环境中活出美好而繁盛的生活（也就是说，活出心流的 2.0 版）。在你阅读此书并将其中的概念和建议用于自己生活的过程中，我们也希望你能够全情投入，享受到许多最优体验的时光。同时，希望你记住米哈里曾说的这句话："学会掌控内在体验的人，将能够决定他们的生活质量，这就是几乎人人都能够活出的幸福状态。"

心流

2.0

第一部分

心流的科学

第一章
心流与最优体验

时间碎片指的是，当我们的注意力同时被分散在多个屏幕和任务当中时，我们生命的分分秒秒一去不返，就像节日里抛散于空中的碎纸片一样。这儿一条短信，那儿一封电子邮件，还有无处不在的社交媒体，这一切，让我们脱离了任何当下正在做的事，在我们的意识中制造大量的注意力碎片，无法拼凑成有意义的体验。作家和生产力专家布里吉德·舒尔特在她的畅销书《超负荷：没时间时代的工作、爱与玩耍》(2020年) 中首次提出"时间碎片"这个概念，而心流状态即是它的反面。在心流体验中，一个人完全沉浸于一项特定的任务，聚精会神，感觉像是在用一个个音符谱写一首和谐的旋律。心流创造有意义的体验，在这些体验中，每一个片刻天衣无缝地衔接在一起，让我们能够发挥出自己最巅峰的实力。一旦在心流中，除了这个体验本身，其他一切都不重要了，而且它本就那么令人愉悦，以至于我们会一次又一次地寻求这些时刻。它可能在任何活动中发生，不论是工作、休闲、体育还是艺术，不论是在独处，与另一个人相处，还是与数千人一起时，只要我们有意愿和耐心去寻找，心流就会在那里等着我们。

然而，现代世界的运作方式却让我们游离于心流之外。在注意力经济之下，我们的注意力被肆意争夺，而找寻心流的关键，恰恰在于集中注意力。各类社交媒体平台无不竭尽全力地抢夺我们的注意力。在网飞上看网剧，一集结束，下一集就自动播放了，我们甚至无须动一动手指，这背后是有原因的。它们通过精心设计的算法吸引我们关注，并使我们的注意力在上面停留得尽可能久。而当我们能够创造属于自己的心流体验时，便会花更少的时间在这些干扰我们的事物上。

早在 1990 年，当米哈里撰写他的开创性著作《心流》时，很少有人预见到，30 多年后的今天竟有如此之多干扰注意力的事物，阻碍着人们获得心流。随着我们持续与新冠全球大流行的遗留影响抗争，我们不仅迫切需要最佳表现，而且渴求获得最佳感受。因此，米哈里提出的心流概念在今天引发了更为深远的共鸣。他的理论超越了时代的变迁，颇具颠覆性。无论社会经历怎样的变革，无论我们身居何处、年纪多大，追求心流将永远是人类体验中最基础的一部分。

所以，不论你喜欢什么，是体育、音乐、阅读、烘焙、园艺、游戏、与朋友聊天，还是任何其他体力或脑力活动，你都可能从中经历心流状态。随着我们了解如何进入心流状态，以及在心流状态中是何种体验，我们也将能够更主动、更一致地找到心流状态，特别是在参与一些我们可能不情愿去做的事情时，比如工作。

20世纪70年代，米哈里基于他最初的心流研究，提出了心流体验的条件和特征。时至今日，它们依然成立。米哈里曾以其标志性的谦逊态度表示："说是'发现'或许有点误导，因为自古以来，人类对此就不陌生；但换个角度来看，这个字眼也颇为贴切，因为尽管每个人都知道它的存在，却不曾有人用相关的学术理论对其加以说明和阐释，而担当这个重任的学术领域恰是心理学。"重要的是，我们需要理解，米哈里"发现"的这些体验具有哪些原始特征，以及如何以最好的方式将其应用于我们感兴趣的领域，应用于我们的职业和个人生活情境。这将帮助我们知道，如何在今天及未来更好地实现心流。

心流体验发生的条件

清晰的目标

要进入心流状态，至关重要的一点是，我们要清楚自己在试图完成什么。体育运动之所以成为心流活动的典范，原因之一在于比赛的目标很清晰：赢得比赛、投篮成功、完成传球等。烘焙也是如此：只要遵循食谱，你就知道何时大功告成。音乐也类似，例如，一位学习演奏新歌的吉他手，目标是学会歌曲中的每一个音符并正确弹奏。这里，目标的属性可以非常宽泛。吉他手学习一首歌是一个短期目标，可能需要几天或几周时间，而有的目标通常需要数月或数年才能完成。这并不一定阻碍心流体验的发生。相反，清晰的长期目标提供了一条途径，可以让一个人持久地体验心流。例如，一名梦想成为医生的大学新生，知道在大学期间需要完成哪些必修课程，通过哪些标准化考试，然后提交医学院申请，从而能够进入医学院，完成住院医师培训，直至成为执业医师，才终于圆了自己当年的梦。在成为医生这一最终目标的指引下，每一个有助于实现该目标的必要任务，都可能成为他的心流源泉。

米哈里曾采访一位居住在意大利阿尔卑斯山的 62 岁女性，她说自己最愉悦的体验是照料奶牛和打理果园："从照料植物中我获得了极大的满足。我喜欢看着它们一天天长大，这种感觉非常美好。"

米哈里也描述了吉姆·麦克贝思做的一项研究，关于航海中的心流，其中一位精英航海者这样描述了他们目标达成的时刻："我……觉得既满足，又惊奇；在摇晃的甲板上观测天边的太阳，再借助几份简单的地图……我们竟能横渡大洋，发现一座小岛。"我们在工作中发现心流可能比较有挑战性，因为很多时候目标并不够明确。例如，我们可能知道组织的目标是什么，但不知道自己的角色如何融入其中。要在职业生涯中体验心流，短期和长期目标都需要明确，在理想情况下，这些目标需要既满足我们的个人需求，又符合组织的整体利益。

然而，若是一个微不足道的目标，达成它不会让我们感到快乐，也未必会带来心流。正如米哈里所说："攀岩者需要努力向上攀登以实现自己的目标。倘若我的目标是坐在客厅沙发上保持活着，假以时日，我也知道自己实现了目标，然而这个目标并不会让我真正感到快乐。相比之下，历尽千辛万苦登上崖顶的攀岩者，在得知自己成功的那一刻却会欣喜若狂。"喝完一杯咖啡，从你家前门走到车库，像这样一些太容易实现的目标，同样不会带来心流。你的目标必须具有某种内在的意义、有挑战性，且令人心生喜悦，这样你才可能在追求目标的过程中获得心流。

即时反馈

目标明确之后，我们还需要获得即时反馈，从而判断我们是否在向着心中的目标迈进。然而，我们实现心流所需要的反馈，不同于我们通常所理解的那种在工作中给予或接受的反馈。后者通常来自外界——我们的主管。心流体验中的反馈则是来自心流活动本身，它是在当下即时发生的。我们再拿吉他手举例。吉他手在弹奏时之所以有心流体验，是因为他弹的每一个音符都提供了反馈：听到音符他就立马知道，自己是弹对还是弹错了，以及自己是否正在接近弹奏这首歌的目标。即时反馈让人在追求目标的过程中全神贯注于手头任务，屏蔽其他思绪的侵扰，这使得心流更可能发生。

这就是为什么有的人没有食谱就很难做饭：没有食谱，我们如何知道菜肴里是要多加些辣椒粉，还是要少加些辣椒粉？要不要加更多香菜？尽管有的人更喜欢通过亲自品尝来获得反馈，但食谱提供了一个更为清晰的操作步骤，让我们知道每一步是否做对了。米哈里说：

> 一名网球选手永远清楚下一步该怎么做：把球打到对手的场地上。每次击中球，他都知道自己做得好不好。棋手的目标同样也很明确：在对方得手前，将他的军。每走一步棋，他都可以算出自己是否距目标又近了一些。沿着垂直的岩壁向上攀爬的人，心里的目标非常简单：爬到山顶，不要中途掉下去。一小时又一小时过去了，他每一秒钟都会接收到信息，确认自己正在接近基本目标。

特别是在专业环境中的一些工作任务，并不会提供我们所希望的那种即时反馈。假设一个销售人员正在为赢得一位潜在客户而准备一个PPT（演示文稿）演讲，但他从未独立完成过这样的演讲。那么他在准备这个演讲的过程中，可能就会感到迷茫，不清楚自己的进展是否有效，这就会导致他陷入困惑、挫败，最终垂头丧气。正因如此，管理者对于员工的工作体验有至关重要的影响：他们需要给员工提供足够的支持和反馈，赋能员工逐渐独立承担任务，并且对于最终成果有一个清晰的蓝图。许多创意工作表面上似乎没有提供明确的目标和即时反馈，正如米哈里所说："例如，一位作曲家可能知道自己想写一首歌或一支长笛协奏曲，但除此之外，他的目标通常很模糊。他如何知道自己写下的音符是对还是错呢？"尽管创意工作者起初从事这类工作是受其开放性和创造性的吸引，但作曲家终究还是要在任务中设定边界，才知道自己创作的歌曲是否有进展，是否圆满完成。例如，一些词曲创作者总是先有旋律，再填词。那么旋律结构的确立会使他们能够进一步创作歌词。而另一些人的情况则相反——先写词，后作曲，以适应歌词的结构。2015 年，"数乌鸦乐队"主唱亚当·杜里茨说："我通常都是先作曲，或者曲和词同时创作，但绝不会先写词。"与此相反，鲍勃·迪伦在 1978 年的一次采访中则说："我认为自己首先是一个诗人，其次才是音乐家。"这些词曲创作者在写歌时采取了截然不同的方法去发现心流，但他们都能够根据自己的内在技能，创造属于自己的有意义的活动结构，从而了解自己在整个过程中是否取得了进展。

挑战与技能平衡

当处于心流状态时，我们的技能与活动所提供的挑战持续匹配。如果技能水平过高，活动中的任何行动机会都过于简单，就很可能导致无聊。例如，在工作环境中，如果一个业务熟练且能干的平面设计师被派去复印资料一下午，他很可能会感到无聊。如果迈克尔·乔丹在其巅峰时期（或者哪怕是现在）和一个普通人一对一打篮球，普通人的水平带给他的挑战不足，那么可能会导致他极度无聊（又或许他仍然会找到某种方式挑战自己，因为伟大的人总是如此）。然而，如果挑战超出了我们的技能水平，那很可能是一个相当令人焦虑的经历。那将是普通人和乔丹一对一打篮球时普通人的感受。再打个比方，如果一个员工从没有公开演讲的经验，却在没有事先排练的情况下，被要求在全公司人员面前做演讲，这也很可能是一个极度令人焦虑的体验。图 1-1 简洁地呈现了挑战与技能之间的这种平衡。

随着我们参与一项心流任务，我们的技能必然会提高，这将促使我们寻求越来越复杂的挑战，从而在该活动中继续保持心流体验。例如，在上个例子中，如果公开演讲成为那个员工的心流活动，他可能会追求更复杂的挑战，比如，在更多观众面前演讲，讲更多话题，甚至在没有 PPT 辅助的情况下进行演讲。我们不断尝试，不断提高技能以迎接挑战，从而使我们能够发挥出自己的巅峰潜能，这就是我们的天性使然。

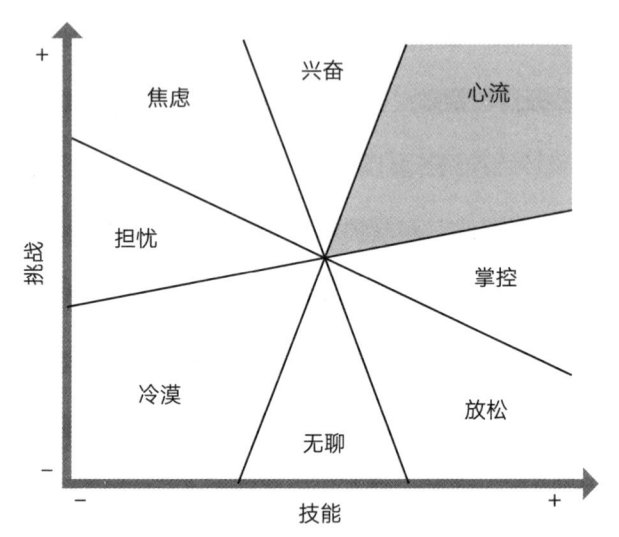

图 1-1　低技能、高挑战会导致焦虑，高技能、低挑战会导致无聊
资料来源：Nakamura and Csikszentmihalyi (2009) / 经牛津大学出版社许可。

以披头士乐队为例。他们起初掌握了传统的两分钟流行歌曲形式，用吉他、贝斯和鼓来演奏，后来他们的演奏技能不断进步，以至于继续做下去就会感到无聊。于是，他们开始挑战自己的极限，在录音棚里探索新花样，像是西塔琴、各种铜管乐器和磁带循环技术，并不断寻求新的挑战以匹配他们高超的音乐制作水平。正是在这种不断寻求挑战的心态之下，他们创作出了像《左轮手枪》《佩珀中士的孤独之心俱乐部乐队》《阿比路》等一系列当代经典音乐专辑。正如保罗·麦卡特尼所说："每一次，我们只想做些不一样的作品。在《请取悦我》专辑问世之后，我们决心要让下一首歌更加与众不同……我们为什么要走回头路呢？那样做就太弱了。"技能越高，越会不断追求更大的挑战，这使我们能够发挥自己的潜能。

技能与挑战之间的平衡尽管重要，但我们可能没有意识到，我们对两者的评估是很主观的，正如米哈里所言：

> 不仅仅是现实情境所呈现的"真实"挑战，还包括个人主观意识到的挑战。决定我们感受的不是我们实际拥有的技能，而是我们认为自己拥有的技能……在心流活动过程中的任何时刻，我们的感受很大程度上受到客观条件的影响；但意识仍然可以自由地根据自己的评估来判断情况。

例如，患有冒充者综合征的人，"尽管在外部、客观世界表现出色，但内心感到焦虑且没有成就感"（Saymeh 2023），他们通常会基于自己对情况的主观评价，而不是以客观表现作为衡量，认为自己缺乏应对某些挑战所需的技能。比如，一个人在做公开演讲时，客观上已准备得很充分，也讲得很精彩，但他还是对自己的表现感到不自信，那么在这种情况下，即使观众觉得他讲得非常出色，他也可能会感到严重焦虑。他不会从这次经历中感到愉快，将来也不会自发地去寻求这些经历，因为他所感知到的自己的技能与他在任务中实际表现出的技能不一致。另一个极端的情况是，有些傲慢自大的人，高估了自己的技能。如果另一个人认为自己是个出色的公开演讲者，喜欢演讲，即使观众觉得他讲得乏味且教条，他仍可能体验到心流，因为他倾向于高估自己的技能，从而在主观上感到自己的技能与挑战匹配。

心流体验的特点

如果上述条件满足：目标是明确的，得到即时反馈，技能与情境中的挑战相匹配，我们就可能进入心流状态。那么，心流体验具体是什么感觉呢？米哈里与他的同事和同行通过对心流的持续研究，总结出心流体验具有以下这样一些核心特点。

全神贯注

心流的一个标志性特点就是全神贯注，即注意力高度集中，投入手头任务。米哈里在研究中发现，当一个人体验到心流时，他会暂时忘记任何潜在的负面想法和干扰，将所有精神集中投入心流任务。当一个人无法将注意力集中在外部刺激上时，会感到精神熵增，在理想情况下，注意力高度集中的心流状态将有助于消除精神熵。

米哈里这样定义精神熵：

每当信息威胁到意识当中的目标，对意识造成干扰时，我们就会处于一种内在失序的状态，或者说是精神熵，它导致自我瓦解，效能下降。尽管全神贯注于任何外部刺激都可以暂时降低精神熵，但心流任务与其他活动不同，因为它会增强个体的复杂性，并最终使自我更强大且完善。

在体育运动中，这种完全专注于任务并沉浸其中的感觉，被称为化境。前职业篮球运动员本·戈登描述了他在球场上的这种体验：

你感觉不到时间，不知道现在打到了哪一节。你听不到观众的呼喊声，也不知道自己得了多少分。你不会去思考，你只是在打球。所有的进攻都源自本能。当这种感觉开始消失时，你就会变得很糟糕透顶。我对自己说："加油，你可以打得更好。"这个时候，你知道它真的不存在了，不再是直觉和本能的了。

这种化境体验已经成为一个常用语，特别是在体育界，许多人用它来描述心流。因此，心流可以说是化境背后的心理学理论。

心流活动如此引人入胜，以至于让人无暇顾及外部干扰，正如米哈里所说："这就是心流能够改善体验质量的一个原因——活动自身具有的清晰的结构化需求强化了秩序，并将混乱的干扰排除在意识之外。"当注意力减退时，可能至少有一个心流状态的前提条件变得模糊：目标不再清晰，反馈不复存在或不再即时，我们感知到的技能与情境所呈现的挑战不再匹配。或者，可能仅仅是我们口袋里的手机震动了一下，注意力就被轻易打断了。为了保持注意力，我们需要留意心流活动的内部机制（清晰的目标、即时反馈、挑战与技能平衡），以及可能导致不必要干扰的外部机制（收起电子设备、关闭通知、消除背景噪声）。随着外部干扰不断升级，我们需要比 20 世纪下半叶的人更加自律，才能够保持专注。

知行合一

当我们的技能与心流活动的挑战相匹配，处于化境之中时，行动和意识会融为一体——这意味着我们的所有注意力都集中在当前的活动上，并且动作像是自动发生的。即使完成任务需要付出比较多的脑力和体力，在心流状态下，它感觉起来也毫不费力，就好像我们与活动合而为一了。

吉米·亨德里克斯（见图1-2）是有史以来最伟大的吉他手之一。他经常闭着眼睛演奏。他这样描述自己弹吉他时的感受：

图1-2　吉米·亨德里克斯（1942—1970），史上最伟大的吉他手之一
资料来源：David Redfern/Redferns/ 视觉中国。

"不要用你的大脑去弹它,让你的感觉引导你的手指。"(Uitti 2022)同样,摇滚名人堂成员琼·杰特这样描述她与自己的吉他的关系:"我的吉他不是一个物体。它是我的延伸。它就是我。"(Earls 2007)我们好像与使我们产生心流的乐器之间是不可分割的,这就是行动与意识融合的感觉。网球运动员可能对他们的球拍有这种感觉,软件工程师也可能对他们的笔记本电脑有这种感觉。

浑然忘我

如今许多知识工作者花费大量时间参加虚拟会议。根据微软于2023年开展的一项研究,自2020年以来,员工在会议中度过的时间增加了192%。你可能也会和我们一样,在会议中尴尬地花费大量时间盯着屏幕上自己的画框,确保自己看起来专业、投入且友好。这感觉很奇怪,当你明明应该看着另一个人时,你面前却像有一面镜子。在那些时刻,我们完全是有自我意识的——我们完全意识到自己的存在。然而,假设你正在与某人进行一场非常吸引人的现实生活对话,你的所有注意力都会放在对方以及你们正在讨论的话题上。当我们处在心流中时,自我意识会完全消失,自我本身也会消失。一位登山者这样描述:"那是一种

'禅'的感觉，像冥想的专注，你追求的就是使心灵凝聚于一点。自我可以以很多颇具启发性的方式与登山结合，但当一切都变得自动自发时，自我就消失了。不知怎的，你想也不用想，事情就做对了……它就这么发生了，你也会更加专注。"

与开创性的《心流》一书问世的 20 世纪 90 年代相比，当今互联网和社交媒体时代有一个很大的不同——我们更加难以达到忘我的境界了。我们不断策划着自己在数字世界里的表演，并不断被推着将我们的存在变为一个"品牌"，吸引朋友、潜在的伴侣、客户等，并供他们消费。我们极少有机会能完全放下自我、浑然忘我，这种返璞归真的体验变得弥足珍贵。不仅如此，我们可以轻松使用手机的前置摄像头给自己拍照。自拍这个概念也是一个相对较新的现象。如果你对此感到困扰，记住——这不是你的错。现代社会的运行规则会助长自我意识，这意味着，要放下自我需要更多的意愿和努力。这也凸显出在现代文化中创造心流的重要性，在短暂的心流中，我们能够暂时不再以任何方式审视自我。米哈里说："因为愉快的活动有明确的目标、确定的规则，并且挑战与技能相匹配，所以自我几乎没有机会受到威胁。"

然而，很多人以为，在心流中我们对自己的身心已经浑然不觉，这其实是一个误解。恰恰相反，在进行心流活动的过程中，我们能够完全意识到自己身体所做的每一个动作或心灵中掠过的每一个想法，只不过所有这些动作和想法，都投入到了活动本身之中，正如米哈里所说：

> 小提琴家必须对手指的动作，耳朵听到的声音，乐曲的每一个音符和整体的形式构造，都有清楚的觉知。因此，自我意识消失，并不代表自我随之消失，甚至意识依然存在，只不过它不再感觉到自我而已。

当一个人从心流体验中走出来，重新回归自我意识，并能够反思刚刚的体验时，他通常会感到一种深深的满足感，因为在刚刚经历的活动中，他不仅感到愉快，而且获得了新技能，突破了自我的潜能极限。

掌控自如

在心流体验的过程中，我们感到对自己的行为有一种掌控感，并能够对任务中接下来发生的事情做出直觉上的反应。然而有趣的是，这种掌控感未必是实际上做到掌控。比如，处于心流状态的篮球运动员也可能会投篮不中，或者会计也可能会输错数字。但在整个心流活动中，我们会主观上感觉自己是有掌控感的，不会像平时那样经常担心出状况。

正如一位棋手解释说："一种非常强烈的轻松感淹没了我，我一点也不担心失败。"尽管这种掌控感是主观上的，但随着技能的提升，我们对心流活动的实际掌控感也会大大提升。例如，一个公开演讲者随着不断练习演讲技能，会感到对其演讲内容有越来越多的掌控感，演讲出错的概率越来越低。当我们感觉"我做到了"时，这就是我们意识到掌控感的时刻。

在快节奏的现代生活中，每封电子邮件都期望得到即刻回复，技术变革不断带来一种不稳定感，这使得我们比以往任何时代都感到难以掌控生活。科技、经济、环境、政治气候无时无刻不在对我们的生活造成影响，这些因素几乎都不是我们能直接控制的。这种失控感可能导致沮丧和疲惫，让人更难以投入精力参与心流活动。然而，也正因如此，我们比以往任何时候都更加需要参与那些能带给我们掌控感和愉悦感的活动。

无时间感

本·戈登在描述他的化境时提到，我们在进行心流任务时会失去对时间的感知。的确如此，多数情况下，时间似乎比平常过得快很多，数小时感觉就像才过去几分钟。活动本身通常并不按特定的时间顺序，而是用它自己的节奏和机制来告诉我们进展。例如，当一位医生在进行手术时体验到心流，他有明确的目标和一系列反馈机制，并感到全身心投入于工作任务之中。

当心流的这些基本要素得到满足，他可能会在手术中失去对时间的感知，他不需要看时钟，就知道手术何时完成。一位芭蕾舞者这样描述这种体验："有两种感觉，一种是觉得时间过得好快，回顾起来，觉得什么事都很快过去了。好比有时在凌晨 1 点却会感觉'啊哈，几分钟前不是 8 点吗'。"世上跑得最快的人、奥运金牌得主尤塞恩·博尔特描述自己在冲刺的瞬间，感觉时间似乎变慢了。而当有人度假回来，我们问他假期过得怎么样时，往往会听到这样的回答："时间过得太快了！"这是因为，在假期中我们更容易全神贯注，从而减少分心，这使得我们感知到的时间节律与日常生活中的不同。是的，这在某种程度上是一个悖论——我们都希望自己在做喜爱的事情时，时间能够慢下来，但若是对时间流逝过度关注，则会让我们脱离心流。

也许我们不曾意识到，日常生活中的许多活动都是在时钟的指引下进行的。以一个工薪家庭中的父母的典型日常为例：早上 6 点半被闹钟叫醒，8 点前把孩子送到学校，9 点到公司，上午

10点、中午12点和下午两三点开会，下午5点接孩子放学，晚上6点吃晚饭，8点睡觉。时间为社会的顺畅运行提供了结构，让家庭、企业和社区能够正常运作。然而，不断意识到时间流逝的这样一种专注形式，并不会令人真正感到愉快，因此并不利于进入心流状态。唯有在心流活动中，我们的节奏和进度才得以跳脱于时间框架，因为心流活动自身的机制会告诉我们，在哪里需要从一个阶段过渡到下一个阶段。

内在动机

尽管上述几个方面是心流体验的关键要素，但如果一个人要想在任何活动中体验心流，他还需要具备一个重要条件——在内在动机之下去追求心流活动。根据心理学家瑞恩和德西在2000年的定义，内在动机指的是一个人做某件事是因为他本来就喜欢或感兴趣。相反，外在动机指的是一个人参与某事是为了得到某些外部奖励或结果。例如，有些人努力工作是因为热爱（内在动机），而有些人拼命工作则是为了挣钱享受生活（外在动机）。以心流这一情境为例，一个人主动寻求心流任务，是因为它本身提供的最优体验——仅仅是能够参与这件事，本身就是奖励。也就是说，即使没有外部奖励，心流体验本身也是值得追求的。

人们追求某些活动，起初可能只是为了它们所提供的外部奖励，但随着时间的推移，他们也从中找到了内在奖励。例如，一个人可能最初追求律师职业是因为其潜在的高薪回报，但后来可能发现自己喜欢学习和实践法律，这使得他将工作的某些方面转变为一种心流体验。当然，在休闲活动和爱好方面，我们更容易受内在动机驱动。但是工作呢？我们都需要工作赚钱，这是一种外在奖励。然而，我们的工作也可以提供许多其他东西，例如，挑战、成长、人际关系等，它让我们成为最好的自己，从而带给我们内在奖励。当我们思考一个"好工作"是什么样的时，金钱不会是唯一的答案。正是那些金钱以外的东西，让我们有机会在职场中体验心流。

如果一个活动能够激发我们的内在动机，那么它就是一个自成目标的体验。"自成目标"（autotelic）一词，源自两个希腊词根（auto 指自我，telos 指目标），合在一起意思就是，体验本身就是奖励。正如一位外科医生所描述的："它是如此令人愉快，以至于即使我不必做，我也会去做。"自成目标的反面是外求目标（exotelic），即仅为了外部原因而进行一项活动。如果我们把自成目标和外求目标看作一条光谱的两端，那么我们追求的大多数活动都位于两者之间。活动在这条光谱上的位置也不是静态的，例如，一个人起初是纯粹喜爱打篮球，那么打篮球对他而言就是一个自成目标的活动，而后来，他技能提升，去打职业篮球赛了，那么打篮球就变成一个外求目标的活动。再以上面提到的律师为例，他最初选择从事法律工作，可能纯粹是为了金钱、地位、声望等外求目标，但随着时间的推移，如果他从工作中的某些方面中感到愉悦和满足，工作对他而言可能就逐渐向自成目标的方向转变。任何职业活动都会有外求目标的成分，但如果一份工作完全是外求目标，那么它将不会那么令人振奋和愉悦。如果一份工作完全是自成目标，则可能无法提供足够的外在奖励，来满足做自己的基本需求和支持家庭。因此，外求目标可能为我们提供时间和金钱，从而支持我们去追求那些自成目标的休闲活动。没有完美的配方，但我们的生活应当在这两个极端之间找到一个健康的平衡。

现代社会中的心流

数十年后，米哈里发现的心流九大维度仍然成立，这说明他为后世留下的遗产经得住时间的考验。过去三十年的研究验证了心流体验的诸多益处，包括带来更高水平的幸福感（Haworth 1993）、自我概念（Jackson et al. 2001）、表现（Harris et al.

2023; Jackson and Roberts 1992），以及创造力（Zubair and Kamal 2015）。

而今，心流体验的情境已发生巨大的转变，最关键的差异在于，现在我们在数字世界中投入了大量的注意力，这不仅影响到我们总体上的心流体验来源，而且从根本上改变了我们的工作地点和工作方式。例如，居家办公会让我们受到内在激励，或者我们可能在做 PPT 或写代码时找到心流，这些选项在心流理论早期形成时几乎不存在。在休闲生活中，我们可能在互联网上"深潜"，探索某个话题，体验深度的沉浸感，一晚上花几个小时，感觉就像 10 分钟一样。最近兴起的人工智能有望成为获得心流体验的一个全新领域，这个领域还将继续以惊人的速度发展；在本书后面的章节，我们将更深入地探讨这一点。研究表明，心流体验确实存在于数字媒体世界（Cowley et al. 2008），甚至包括在使用脸书的过程中（Mauri et al. 2011）。

当我们试图在新环境中找寻心流时，我们需要更有意识地遵循心流的特征。例如，在参与某个缺乏经验的数字化任务时，我们可能需要更多的时间和思考，才能设定出明确的目标；反馈的来源可能不那么明显；心流的隐患也增加了，如本章开头提到的时间碎片概念所描述的那样。尽管数字世界拥有创造心流体验的巨大潜力，但企业还是投入数百万美元试图将我们的注意力从我们正在做的事情上转移开，转向它们的产品或服务。一不小心，我们就默认过上了不再有心流的生活，每一两分钟就转移一次注意力，直到睡觉，醒来后继续重复这样的生活。

在今天这个时代，获得最优体验需要更强的意向性，这一点在 20 世纪还不是必须的，那时我们还没有那么多选择，更容易专注于一件事情，而今天则不同，在我们做一件事时，总有成千上万的其他选项就在指尖，触手可及。就像杂货店的货架——尽管健康食品（心流）的货架比过去多了一倍，但垃圾食品的货架却多了十倍。如果你没有明确的意向要购买健康食品，你就极易被垃圾食品吸引，并迷失在它们当中。

米哈里提出，并非所有性格类型的人都同样容易体验到心流状态。尽管心流确实是一种普遍的体验，但不同的人在心流体验的频率和强度上存在差异。他指出，具有自得其乐人格的人，更有可能体验并保持心流状态。拥有此类性格的人更倾向于去追求活动的体验本身，并且往往生性好奇，做事容易忘我投入。由于对世界怀有与生俱来的好奇心，他们能够寻求机会不断提升自己的技能，追求更大的挑战，并能够坚持不懈（Baumann 2012; Ullen et al. 2012）。尽管有研究显示，自得其乐人格一部分是遗传的，但环境因素也起到了重要作用（Gosling et al. 2012）。

在数字领域中自由随心地探索，可能会带来"微心流"，也就是说，存在一些心流特征，任务具有吸引力，但复杂度较低。相比之下，"宏心流"或"核心心流"体验则是一种更复杂、全面的体验，兼具所有心流特征，并带来自我突破。在星巴克排队时玩在线游戏使头脑保持专注，人们可以即刻获得微心流。然而，微心流体验来得太容易，可能会抑制我们主动去追求更多宏心流体验。回到食物的比喻，吃快餐比自己准备一份含蛋白质、复合碳水化合物和蔬菜的餐食要容易得多。现代社会对我们追求微心流更为友好，却不经意间限制了我们的宏心流体验。在复杂的宏心流体验中，我们沉浸于心流任务之中，无法随时待命，这意味着我们不会立即回复短信或电子邮件，也不会在电子设备收到通知时立即查看。这可能会令家人、朋友和同事不满，使他们觉得我们不可靠、不爱沟通。因此，我们不仅应当为自己的生活创造更多宏心流体验的空间，还要鼓励生活中的其他人，也多去获得这类体验，在他们没有马上回应时表示宽容，并询问他们生活中的哪些事能给他们带来能量和快乐。

我们也亟须鼓励年轻人参与宏心流活动，并为具有自得其乐人格的人提供一个能够在其中绽放的环境，因为当一个人在年轻时有追求心流体验的内在动机时，那么他长大后也更可能如此。

然而，只有宏心流体验的生活是不现实的，也终究不利于我们的个人健康和职业发展，但我们需要花时间去体验全面的宏心流，而不是陷在短暂的微心流里虚度一生，因为这将决定我们是否能够充分实现自我价值，活出人生的意义。

第二章
集体心流

"他人很重要。"2008年,当杜宾在密歇根大学首次参加克里斯托弗·彼得森博士的积极心理学课程时,这是彼得森说的第一句话。彼得森说,如果要用3个单词概括积极心理学的研究成果,那就是"人际关系质量",这个关键要素最能持续预测人生满意度、幸福感和快乐体验。诚然,我们一生中会建立不计其数的人际关系:家人、朋友、同学、队友、师长、教练、教授、室友、上司、同事,等等。所有这些关系都可能成为意义深远的心流源泉,也是我们人生意义的来源。然而,如果关系中各方目标不一致，人际关系也可能导致严重的压力和焦虑，引发混乱与精神熵。米哈里及其团队早期的心流研究主要聚焦个人体验层面，但他非常清楚他人对我们生活的重要影响："我们对日常体验质量的研究一次又一次地显示，人们报告自己在有朋友相伴时整体情绪最为积极，这并不令人意外。"他深入探讨了我们与家人、朋友及社群的关系，指出个体体验心流的必要条件（清晰的目标、即时反馈、挑战与技能平衡）在关系中同样适用。例如，他讨论了在家庭背景下的即时目标："家庭活动像任何其他心流活动一样，也应提供清晰的反馈，比如，夫妻之间难免会有摩擦，这就需要保持开放的沟通渠道以获得反馈。如果丈夫不知道什么让妻子烦恼，就无法抓住机会缓解和妻子之间的紧张关系。这一点对于妻子同样如此。"后来，群体心流话题得到越来越多的关注，涉及团队（包括运动队、工作团队、乐团等）如何更好地协作共同实现目标，并做出高水平表现。

尽管心流可以帮助我们个人发挥出最好的水平，但作为人类，我们真正的潜力是集体赋予的。当一个团队发挥其巅峰水平时，每个成员各自都在心流状态中，同时，我们的个体心流完全依赖队友的行动。篮球教练菲尔·杰克逊曾带领团队赢得创纪录的 11 个 NBA（美国职业篮球联赛）冠军，略知如何帮助球员（如迈克尔·乔丹和科比·布莱恩特）进入个体心流，以及帮助团队（如芝加哥公牛队和洛杉矶湖人队）进入集体心流，他说："团队的力量在于每个成员。每个成员的力量在于团队。"（Wyatt 2021）。

相关术语

有多个术语可以描述与他人一起进入心流状态，包括社交心流和群体心流（Pels et al. 2018）。我们最喜欢的术语是集体心流。在《剑桥词典》中，"集体"意指"每个人都参与到这一经历中，并在团队共同取得的成就中享有属于自己的那一份"，这很好地诠释了与他人一起处于心流状态的内涵：每个人都共享这一体验，并拥有群体共同成就的一部分。在本章接下来的内容中，我们将把与他人一起的心流状态统一称为集体心流。

集体心流发生在两个或更多个体之间，大家一定程度上依赖彼此的行动。2010年，沃克明确了三种心流体验类型。第一种是个体心流，这是完全在我们自己身上发生的心流体验，可能发生在任何没有他人在场时，比如在独自弹吉他、烘焙或举重的过程中体验到的心流，这也是米哈里在其原始研究和著作中最常探索的心流。

沃克明确的第二类心流体验是共存式社交心流。在这种情况下，我们与在场的其他人都处于心流状态，但并没有直接与他们互动或协作。例如，我们和朋友一起去慢跑——我们都在做同样的活动，但并没有直接互动，而是在各自的心流里。另一个常见的例子是共享工作空间，在那里工作的人彼此陪伴，但是各忙各的。对这些人来说，在这样的空间里即便没有与他人直接互动，也是很享受的，只要周围有他人存在，他们就能从中汲取能量，集中注意力。看电影或听音乐会也会带来丰富的共存式社交心流，这种集体体验有时候会起到宣泄情绪的作用。

最后一种心流类型是互动式社交心流。这是最具协作性的心流类型，也极大程度上依赖他人的配合。比如，在进行乐队演奏或组队打篮球的过程中，我们自己是否能找到心流，很大程度依赖队友的个性、行为和行动，而他们的心流状态同样也依赖我们。沃克于2010年的研究发现，大学生们报告与他人一起的心流体验比单独的心流体验更愉快。这一发现同样也支持了彼得森在2006年提出的观点：他人很重要。

事实上，米哈里发现，人们在与他人交谈时最常体验到心流。想象两个人在聊某个共同感兴趣的话题。比如，他们都是网飞电视剧《怪奇物语》的狂热粉丝，正在探讨最终季可能发生的情节。他们都同等熟悉剧情和角色，可以一起深度探讨，这使他们在讨论时都心流满满。然而，若是其中一个人是狂热粉丝，另一个人却从未看过这部剧，两人无论是对剧情的熟知度，还是热情度，都存在差距，那么交流就很难顺畅地进行下去，更不用说同时体验心流了。

创造集体心流的十个要素

现在，想象有一群人正在头脑风暴一些创意。比如《怪奇物语》的编剧们正在创作最终季的剧本。更多人参与会有助于提升创意的复杂度。而要使得这里的每个人都能一起在心流中工作，从而创作出最具创意、错综复杂的高质量故事，就需要考虑很多要素。现在，让我们来探索这些要素，它们与个体心流状态有重叠之处，也有不同之处。为此，我们将参考凯斯·索耶的研究，他是米哈里的学生，研究了爵士乐队、即兴表演团体和商界专业人士，并且撰写了《天才团队：如何激发团队创造力》（2007年）一书。具体而言，索耶明确了集体心流的十个要素。

集体目标

为了找到个体心流状态，我们必须非常清楚自己要实现什么。而在集体心流中,我们需要与协作者明确具体的共同目标,消除彼此之间的任何目标冲突(Van den Hout et al. 2018)。在体育领域,篮球比赛的目标很明确,就是击败对手,赢得比赛。而在工作环境中,目标往往更加模糊,这很大程度上阻碍了集体心流的发生。例如,在一场会议中,团队在规定时间内要完成什么?是希望提出一个新想法,还是仅仅向彼此更新现有项目的状态?这些问题很多时候并没有被明确。

此外,我们是否意识到自己的个人目标是如何为团队目标服务的?比如在会议中,或许我知道我们要实现什么,但我看不出自己的角色能为团队实现目标做出什么有意义的贡献。再比如,在篮球场上,我是否知道自己该站在哪个位置?我的行动如何直接给某场比赛的成功带来帮助?如果我是乐队鼓手,那么吉他手、歌手和键盘手的个人角色都依赖我近乎完美地执行我的角色任务——让所有乐器的节奏保持一致。

知道在会议中、球场上或演奏歌曲时要实现什么,这是一个微观的短期目标。然而,组织和部门也可以共享一个长远而宏大的愿景,让其中的每个团队都在这一北极星的指引之下努力奋斗。例如,披头士乐队 1962 年在英国崭露头角,保罗·麦卡特尼回忆起他们当初设定的目标:"我对布莱恩(乐队经理)说,'我们不想去美国，除非我们的专辑拿到榜单第一'。"（Tannenbaum 2015）由此我们可以看出，他们有一些微观目标，比如创作单曲和在英国现场巡演，但他们也设定了自己的"北极星"，就是在赴美巡演之前，需要先有一张拿下排行榜冠军的专辑。1963年末，歌曲《我想牵着你的手》荣登榜首："我们当时在巴黎演出，在著名的奥林匹亚剧院，那是埃迪特·皮亚夫曾经演出的地方，我们收到了一份电报（在那个年代都是用电报通信），上面写着，'恭喜你们荣获美国排行榜冠军'。我们欢腾着互相拥抱，演出后一直庆祝到深夜。"（Tannenbaum 2015）几个月后，他们来到美国，并在《埃德·沙利文秀》上进行了他们历史性的表演，当时有近一半的美国人（7300万人）观看了这场表演（见图2-1）。

正因为披头士乐队有着共同而清晰的微观目标和宏观目标，他们才能在周围混乱的环境中保持高度专注。一旦团队目标清晰，其中的每个个体也都会忠实于它。正如传奇的美国国家橄榄球联盟教练文斯·隆巴迪所说："无论是团队、公司的运作，还是社会、文明的运转，都有一个共同的原因——个人忠实于团队目标。"（引自247 Sports）

图 2-1　1964 年，披头士乐队在《埃德·沙利文秀》上为 7300 万人表演
资料来源：视觉中国。

认真倾听

我们都可能有过这样一种体验，在视频通话时发现对方没有完全投入。我们可以看出，他们的眼睛看向了别处，可能是在回一封电子邮件，或者查看最新的手机消息。他们可能听到了我们说话，但他们真的在倾听吗？要实现集体心流，我们就不能仅仅是为了回应而倾听，而是必须深度倾听彼此。倾听需要投入努力和精力，这对于沟通质量的好坏有决定性作用。有多少次，当有

人开始向我们说话时，对方还没说完我们就已经在心里规划好了要如何回应？当我们这样做时，我们已忽略了他们接下来要说什么，而只是把更多精力用在记住我们要回应的内容上。

积极倾听（与"密切倾听"同义）包括三个组成部分：认知、情感和行为（Jones et al. 2019，转引自 Abrahams and Groysberg 2021）。认知方面，倾听意味着我们全神贯注于我们从说话者那里接收的信息，不论是实际说出的话，还是言外之意，确保我们都理解所听到的内容。情感方面，涉及在对话中有效管理我们的反应，保持冷静，表现出同理心，并避免表现出无聊、沮丧或厌烦。行为方面，通过言语和非言语方式，对对方所说的内容表现出兴趣，从而使对方感到被听见和理解。

在众多训练倾听能力的方法中，我们最喜欢的一个是带着提问的意图去倾听。为了提出好问题，我们不得不更用心地专注于对方想表达的内容，而我们的回应是为了让他们阐述得更详尽、更深入，这就给我们更多机会去倾听、去学习。另一个受欢迎且有效的策略是，把对方说的话复述给对方听。这样会带来两个好处：一是尝试用我们自己感到舒服的方式去复述，有助于我们消化和理解对方的话；二是让对方感到真正被听见（Abrahams and Groysberg 2021）。

全神贯注

如果需要个体心流，我们只需专注于自己手头的任务。而如果要创造集体心流，那么在团队活动的整个过程中，每个个体都需要全神贯注。在个体心流活动中，我们对自己的注意力有更多控制，而要确保两个人或一群人都注意力集中，则是一项更复杂的任务。可能其中有人感到疲倦，有人最近和爱人吵架了，还有人比较内向，在群体中感到不知所措。即便其他心流条件满足，每个人的情况和性格不同，也会影响其在某个时刻的专注程度。

在虚拟环境中要进入集体心流，更加具有挑战性，因为人们很难完全集中注意力。以网络会议为例，会议中我们在屏幕上的一个小框里可以看到自己，而在视频窗口后面，还有各种来自互联网的诱惑。在线下会议中进入心流状态已经够难了，而在虚拟会议中有更多阻碍我们全神贯注的雷区。因此，在尝试与他人或团体进行有意义的交流时，一定要排除外界干扰。虚拟环境中的人际互动本身就依赖数字设备，要排除数字技术带来的干扰更加不易。

这种数字干扰，就像是有 10 种不同的薯片放在我们的食品柜里，触手可及，我们还要试图克制自己不去吃。要想更轻松、成功地戒断薯片，我们最好不要让它们出现在视线里。在现实生活的互动中，避免干扰也同样重要。比如，一群朋友出去吃饭，如果每个人都把手机放在桌子上,那么手机自然会吸引我们的注意,即便没有人主动查看它,它也会分散我们对彼此的关注,严重阻碍集体心流的发生。要使人际发生化学反应,产生心流,本身就需要复杂的条件,因此我们更需要排除外部因素的干扰。

尽在掌握

要在群体中获得心流,每个人都要感觉对自己的行为有掌控感,且知道自己的行为是如何服务于团队目标的。以摇滚乐队为例,假设乐队由主唱、吉他手、键盘手和鼓手四人组成。在乐队共同演奏一首歌曲时,若要使集体心流发生,每一位乐队成员都需要对自己的乐器有完全的掌控权和自主权,并知道自己在其中扮演的角色。橄榄球队也是如此:四分卫、跑卫和外接手各自有一套明确的职责,同时他们相互依赖,为达成团队目标共同履行这些职责。

我们很多人在工作中并不十分清楚自己的角色分工,不知道自己能掌控什么,不能掌控什么,这使得集体心流在组织中很难发生。与个体心流一样,集体心流中的掌控感也未必是实际上的掌控,而是感知上的控制。在那一刻,我们主观感知到对当下的情形是有掌控的。或许事后我们发现自己的行为需要做一些修正，比如可能发现在开会演讲时分享了错误的数据，不过在分享的那一刻，我们的主观感受是尽在掌握。

自我融合

在个体心流中，自我意识消退，这使得我们能够忘我地全神贯注于心流任务。而在集体心流中，每个个体的自我必须找到一种与其他成员和谐共存的方式。一旦这种情况发生，所有人的自我意识就一起消融了。然而，许多有害的会议都有一个共同点：人们只是出于自我的表达欲和私欲而发言，更关心他们自己在会议中的表现，而不是帮助团队达成共同目标。这种行为具有传染性，一旦一个人这样做，其他人也会效仿，形成一种不良文化风气。

有许多伟大的伙伴关系最终走向破裂，至少有一部分原因是自我之间的冲突，比如列侬和麦卡特尼、罗杰·沃特斯和戴维·吉尔摩、西蒙和加芬克尔，以及沙奎尔·奥尼尔和科比·布莱恩特。当团队有共同目标时，其中的每个人都需要能够延迟小我利益的满足，而将追求团队目标作为首要任务。心流状态的一个特征是自我意识消融，在从事某个心流任务时，我们会暂时忘记自己的不安全感、焦虑，以及其他任何会转移我们注意力的以自我为中心的想法。

当我们以自我为中心时，不仅会分散我们自己对任务的注意力，还会导致我们的队友无法找到他们的心流，因为我们的行动并不是在回应任务所需，而是我们自己的需求。传奇的加州大学洛杉矶分校篮球队主教练约翰·伍登对此有最好的表述："能让球队变伟大的球员比一个伟大的球员更有价值。舍小我，为集体，这就是团队合作。"（Gunderman 2019）

平等参与

为了实现集体心流，每个人都需要为团队积极施展一系列技能。团队里各个成员对团队成果的贡献可能有大小之分，但是团队不应包含任何无关成员，团队里的每位成员都应当明确地给团队实现共同目标增加价值。例如，许多专业会议都由一个人主导，其他成员只是被动地听。尽管这些会议可能是必要的，但它们并不能促进集体心流。相反，若是一个营销团队开会进行头脑风暴，一起为新社交媒体宣传活动出谋划策，会议中每个人都可以贡献想法，这更有可能带来参与感，从而促进集体心流的发生。为了成功地使团队投入参与，团队成员还需要对自己的优势有敏锐的认识，从而知道自己在哪些地方可以为团队目标做贡献。例如，吉他手和鼓手会专注于他们各自擅长的乐器，乐队不会在音乐会开场前临时安排吉他手去敲鼓，或是让鼓手去弹吉他。而在工作环境中，我们可能更难以自然而然地找到自己的角色定位，以及如何为团队做出最好的贡献。

例如，在工作中开头脑风暴会，通常如果各个团队成员不确定自己要如何参与，他们会倾向于听从在场职位最高的那个人。我们如果不在心流状态里，就很难忽视这些办公室政治——不论走进什么工作场合，我们都会敏锐意识到其中的社会等级。然而，如果我们在会前就明确参与方式（比如，客服专家要在讨论客户需求相关议题时贡献自己的想法），那么我们就不再那么关注人情世故、自我利益和权力争夺，而是把全部注意力投入于实现团队目标。

熟悉度

当我们与团队合作者共享隐性知识时，更容易实现集体心流。隐性知识指的是我们与他人之间的一系列未言明的理解和假设，通常在合作一段时间后才会显现出来。当我们熟悉他人的行事风格，什么激励他们，什么让他们烦恼，以及他们喜欢如何思考和沟通时，我们就知道如何更高效地与之打交道。假设一个外向者和一个内向者一起工作。他们可能会达成共识，外向者会通过大声说话来思考，而内向者则会记更多笔记，花更多时间整理思绪，然后再分享想法。内向者可能更喜欢提前看到会议议程，以便事先思考和准备，这样在需要他们发言时，就能最好地贡献自己的想法。如果每个人都知道对方的这些隐性知识，那么他们几乎可以仅凭潜意识里的直觉就对他人的行为和贡献做出预期，这使得集体能够沉浸在心流任务中。

当团队有新成员加入时，我们通常需要一段时间才能找到与之一起心流的体验。这就是为什么在最初建立关系时，就有必要了解他们的内部驱动力和外部激励因素，这会增进熟悉度。更深层的熟悉度将使我们能够理解人们的言外之意，无须任何言语，也能够捕捉到他们的热情、沮丧、疲劳等情绪。我们可以做出相应的行为调整，既管理自己的情绪，也调节团队其他成员的情绪，从而让大家更可能沉浸地投入于同一个任务。

沟通

团队只有不断进行沟通，才更可能一起心流。促进集体心流的沟通方式通常是自发的对话，暂时放下自我，使所有成员能够以有意义的方式参与其中。这种自发的交流需要真诚地倾听对方，并基于听到的内容做出回应。我们通过沟通分享知识，有更为客观的显性知识，也有隐性知识。其中，隐性知识是一种更主观的信息形式，主要通过观察、模仿及长期互动而获得(Koskinen et al. 2003; Nonaka and Takeuchi 1995; Van den Hout et al. 2018)。

在工作中，沟通有助于个体心流的发生，因为它符合心流的几个关键前提条件：清晰的目标、即时反馈，以及挑战与技能平衡。管理者应该经常与员工沟通，明确工作目标，给出具体且可操作的反馈，确保他们在工作中遇到的挑战不会过高，同时保证其技能有施展空间。除了口头沟通，非言语沟通作为隐性知识的一个关键要素，也有助于促进集体心流体验。

当代伟大的管理思想家彼得·德鲁克曾说："沟通的最高境界是听出言外之意。"总之，我们要对团队其他成员有深入了解，以便能够在非言语层面进行沟通，读懂言外之意，并支持彼此心无旁骛地投入于工作任务，保持在集体心流之中。

共同推进

索耶举了一个例子，即兴表演中有一个技巧叫作"是的，而且……"。在即兴表演的某个场景中，当其中一人设定了某个情境（比如，他们在一个咖啡店点了 12 杯咖啡，打算在一周内喝完），那么他的搭档需要深入倾听和接收他所说的内容，并在此基础上即兴发挥，推进剧情。如果搭档回应："这个主意不好，毫无意义，我们实际上是在健身房举重。"那么这一幕剧情就会停滞不前，这将严重阻碍集体心流体验的发生。因此，搭档要愿意接受已设定的情境，并在此基础上发挥，使其更加丰满。

在工作中，我们通常不使用"是的，而且……"这样的沟通技巧，这样做本意是好的，比如我们不同意某人的想法，就需要直言不讳。但在提出异议之前，我们仍然要先认可对方所说的，认可其对整体讨论做出的贡献，这很重要。创造心理安全感的一个核心原则就是勇敢表达，并直言不讳（Edmonson and Lei 2014），这也是团队合作共赢的关键。

2012年，谷歌启动了一项研究（Duhigg 2016），叫作"亚里士多德项目"，旨在明确高效能团队的核心要素。他们研究了数百个谷歌团队，试图破解一个谜题：为什么有些团队比其他团队效能更高？该项目研究员朱莉娅·罗佐夫斯基在就读耶鲁大学商学院时，曾与学习小组中的同学有过非常不愉快的经历，据她回忆，大家开会时总是在争夺想法的主导权，为谁会在课堂上发言而争执不休："我总觉得自己需要证明自己……他们会试图通过更大声说话或互相打断对方来显示权威。我总觉得自己必须小心翼翼，避免在他们面前出错。"（Duhigg 2016）罗佐夫斯基和团队在"亚里士多德项目"中的研究发现，心理安全感是影响高效团队表现的首要因素，基本上就是她在商学院学习小组中的经历的反面。图 2-2 总结了"亚里士多德项目"研究中发现的影响团队效能的五大因素。

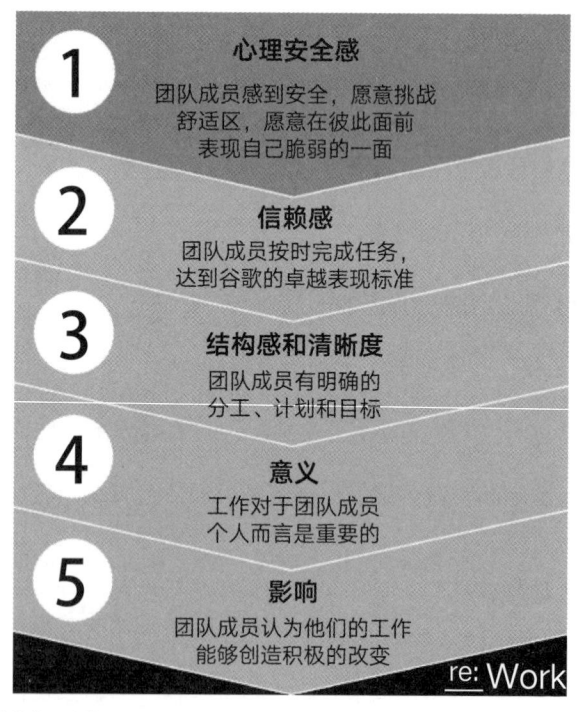

1 心理安全感
团队成员感到安全，愿意挑战舒适区，愿意在彼此面前表现自己脆弱的一面

2 信赖感
团队成员按时完成任务，达到谷歌的卓越表现标准

3 结构感和清晰度
团队成员有明确的分工、计划和目标

4 意义
工作对于团队成员个人而言是重要的

5 影响
团队成员认为他们的工作能够创造积极的改变

re: Work

图 2-2　高效能团队的五大要素

《团队协作的五大障碍》一书的作者帕特里克·兰西奥尼也

支持这一观点:"团队合作的基础是建立信任,而要做到这一点,唯一的方式就是克服我们自身对于无懈可击的需求。"

危机意识

要实现集体心流,团队还需要有危机意识,不是为了激发恐惧,而是为了提供一个结构,让人知道事情要如何运作,成与败是什么情形。有了集体目标,我们就会有担心"失败"的危机感,这会促使集体集中注意力。有时候,集体目标是有时限的,这也让我们知道成功或失败的样子(比如在 60 分钟的游戏时间内击败对手,或者在财政年度结束前达成收入目标)。有时间限制的目标会制造某种紧迫感,促使我们最大化地保持专注。正如传奇作曲家伦纳德·伯恩斯坦所说:"取得伟大的成就需要两个条件,一个计划和一些不太够的时间。"(《读者文摘》2006,见图 2-3)

有时候,另一些规则也会让我们知道自己是否成功(例如,提案得到客户签署通过,高档餐厅得到米其林星级评价)。我们自己喜欢打网球和篮球,从这些活动中获得心流。然而我们发现,如果不打比赛,不计分,就基本上不可能进入心流状态。正因为有可能输掉比赛,我们才会抓住每一次得分和控球机会,比仅仅练习或随意投篮要更加有效地保持专注。归根结底，比赛不重要，但在打比赛的过程中会想赢，因为我们设定了每个人都认同的成败标准。

图 2-3　马勒的《复活交响曲》高潮时刻，由波士顿交响乐团在马萨诸塞州莱诺克斯演出，指挥家是伦纳德·伯恩斯坦
资料来源：Bettmann/Bettmann Archive/ 视觉中国。

集体心流的工作方式与此类似（见图 2-4）。正如索耶指出的，爵士乐队在排练时很难找到心流，但在现场表演时，面对台下观众，他们无法确定演出是否会成功，却能够一起进入一个真正神奇的化境。在工作中，我们一定要理解所做工作的重要性，及其对团队和公司成败的影响。不必每天都扮演最激动人心的角色，但我们至少应该知道自己工作的价值，并建立更强的危机意识。此外，产生创意的能力可以拓展我们的技能，并创造失败的可能性，因此也有助于带来心流。

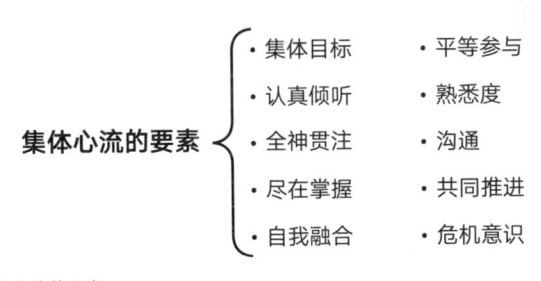

集体心流的要素 { ・集体目标　・平等参与
　　　　　　　　・认真倾听　・熟悉度
　　　　　　　　・全神贯注　・沟通
　　　　　　　　・尽在掌握　・共同推进
　　　　　　　　・自我融合　・危机意识 }

图 2-4　集体心流的要素

集体心流的力量

这些要素组合在一起，会产生各种矛盾，它们看似相互违背，但实则会促进集体心流的发生。正如索耶所说："当许多矛盾达到完美平衡时，集体心流就会发生，这些矛盾存在于传统与创新之间，结构与即兴之间，批判分析思维与自由发挥、打破常规思维之间，以及倾听团队其他成员与表达个人心声之间。"

我们能否找到集体心流，还取决于许多个人因素，除了上面列出的，还包括我们当天的精力和心情，是线下合作还是远程合作，我们的个性是否与团队成员有效融合等。集体心流比个体心流更复杂，因其不仅涉及个人与手头任务的关系，还涉及群体中的每个人与其他人之间的关系。这使得集体心流可遇而不可求，除非每个人都全然临在，愿意放下个人利益，致力于共同目标。

杜宾于 2018 年的博士研究发现，心流具有传染性。不论是在对话、项目中，还是在活动、游戏中，每个成员所带入的精力、努力和思维方式，都对小组其他成员的情绪和认知状态有着深远影响。正如情绪传染理论指出，我们天生善于模仿彼此的面部表情、姿态和情绪，从而与他人同频（Bavelas et al. 1987; Hatfield et al. 1993）。如果在某个线上工作会议中，某个成员分心了，明显是在忙其他事情，其他成员也更可能分心。如果一个人打开摄像头，另一个人却关闭摄像头，这将创造一个不协调的环境，阻碍集体心流和情绪同频的发生。

然而，集体的力量也可以创造出最令人振奋且神奇的心流体验。如果团队感受到集体效能感，有共同的信念，相信联合起来的力量能够实现共同目标，那么集体心流就会随之产生（Salanova et al. 2014）。集体心流就像是一个高风险、高回报的投资选择——它可能比个体心流更难实现，但是一旦实现，我们能够完成的事情将远超出任何一个人单独所能做的。当找到一个可以与之共同体验心流状态的群体时，我们必须用心维护其中的积极关系，促进各种积极体验在彼此之间流动。我们需要与群体中的其他成员建立一定程度的信任，这样我们就可以完全专注于集体的需求，而不必担心自己说错话或是想法愚蠢。我们不需要和群体其他成员成为最好的朋友，但大家必须相互理解，并清楚地知道自己的技能和角色如何与他人的相互融合，取长补短。人类历史上那些令人敬畏和振奋的伟大成就，大部分都是由集体而非个人创造的。

心流 2.0

第二部分
生活情境中的心流 2.0

第三章
新数字化和混合型工作世界

早在二三十年前，米哈里就撰写了《心流》《好工作》《好生意》等书，为积极心理学和心流理论做出了杰出贡献，这些思想在如今的后疫情时代，在我们所处的新数字化与混合型工作世界里越发振聋发聩。在美国和加拿大，超过三分之一的从业者是远程或混合型工作状态（Barrero et al. 2021；StatCan 2021）；他们的工作投入度（包括工作中的心流）处于十年来最低水平，亟须新的策略来增强员工、领导者和组织的最优体验与表现（Harter 2023）。

职场乃发现心流之地

美国卫生局局长于 2022 年发布了一份关于"职场心理健康与幸福"的国家报告，指出新冠全球大流行为我们提供了一个重新思考工作方式的机会。这也正是米哈里多年来所倡导的，他指出，在人们的各个生活领域中，职场是寻找和培养心流、人际联结感、意义感和幸福感最重要的场所之一。毕竟，许多人将其大部分的清醒时间都投到了工作或与工作相关的活动中（如教育和就业准备）。美国卫生局局长强调，在新冠疫情后，需要重新设计工作环境（包括数字化、远程和混合型工作），以支持人们的幸福感、最优体验和积极表现：

> 如今，美国有超过 1.6 亿人在职场工作。工作是生活中至关重要的一部分，它极大程度塑造了我们的健康、财富和幸福感。在理想情况下，工作为我们提供了支持自己和所爱之人的能力，同时也为我们提供了意义感、成长机会和归属感。当人们在工作中蓬勃发展时，他们更可能感到身心整体健康，并对工作做出更积极的贡献。因此，领导者在承担责任的同时，也需要借此独特机会，创造支持员工健康和幸福

感的工作环境。

米哈里早在 1998 年就开创了积极心理学领域，这得益于他的远见，该领域今天已经积累了很多有价值的实证基础，可用于未来不断发展的数字化和混合型工作环境，促进人们的健康、幸福感、最优体验和积极表现。我们将在下一节讨论这一实证研究体系的发展历程及未来机遇。

积极心理学走进工作

米哈里强调，数十年的研究显示了"负面偏见"的重要性及其带来的挑战。在职场中，领导者、管理者和员工通常更关注负面体验，而不是工作中的中性或积极体验。这种偏见可能在我们进化的早期就已经形成，是帮助我们有效生存的机制，然而在现代职场中，它可能不那么适用。米哈里希望激励职场研究者们，不拘泥于关注错误、问题和缺陷，不仅仅是帮助个人和组织从功能失调状态回归到"正常"阈值。他鼓励我们采取一个更平衡的视角来看待工作中的幸福感和积极表现，既研究缺陷，也关注优势，投身于积极心理学的新科学与实践。

在他的理念和愿景指引之下，路桑斯（2002a）在组织行为学领域做出拓展，提出了积极组织行为学这一交叉学科领域，旨在以更平衡的方式研究工作中的各类重要话题。他将积极组织行为学定义为"对积极导向的人力资源优势和心理能力的研究与应用，这些优势和能力可测量、可发展、可有效管理，旨在提升人们当今时代在职场中的表现"（Luthans 2002b, p. 59）。也就是说，积极组织行为学专注于识别、测量和增强员工的优势与心理能力，以提升他们的工作表现。继路桑斯之后，卡梅伦等人（2003）发展了一个类似的概念，叫作积极组织研究，该领域主要关注组织中有助于促进繁荣和幸福的积极方面。也就是说，积极组织研究是对组织中积极的、繁荣的、有生命力的方面进行的研究。

2010年，唐纳森和高发表开创性文章《积极组织心理学、行为与研究：新兴文献与实证基础综述》，对工作场景中的积极心理学、积极组织行为学、积极组织研究前十年产生的同行评议实证研究进行了总结。他们提出"积极组织心理学"这一综合术语，用以涵盖大量职场体验与行为研究方面的新兴文献和实证数据库，从而增进对优势相关话题的理解，平衡该领域对问题和缺陷的广泛关注。积极组织心理学被定义为"对职场和积极组织中的积极主观体验和特质的科学研究，及其在提升组织效能和生活质量方面的应用"（Donaldson and Ko 2010）。

创立15年以来，积极组织心理学已经有了显著发展。米哈里的愿景已经实现，因为该领域现已成为许多大学中的一个成熟研究领域，有专门的课程和项目。随着积极组织心理学的发展，也产生了许多基于实证的实践和干预，旨在提升员工、团队和组织的幸福感和工作表现，促进其繁荣发展，最大化地发挥潜能。

职场积极心理学 2.0

工作环境的快速变化为领导者、管理者、职场研究者和组织发展实践者都带来许多挑战。新一波浪潮的职场积极心理学研究，将不可避免地关注各类新技术支持下的数字化、远程和混合型职场，以及人们如何在这样的场所中提升幸福感和积极表现。例如，范·泽尔等人（2023）建议，积极组织心理学 2.0 必须拥抱这场技术变革，才能在未来保持其重要性。他们建议关注以下这些重要趋势。

- **工作的去中心化：**远程工作和自由职业者经济（又叫零工经济）的兴起对传统组织结构和动态提出挑战，这些是积极组织心理学长期以来一直在研究的。

• **数据驱动的评估和发展计划增加**：从人才招聘到保留，再到继任计划，都越来越重视使用大数据来指导组织决策，这为积极组织心理学带来了新挑战。尽管数据驱动的研究方法可以提供一些宝贵的见解，但它们也可能存在将复杂的人类现象简化为数字的风险，这与积极心理学所提倡的人本方法背道而驰。

• **人工流程的自动化**：技术进步在组织中变得无处不在，组织寻求利用这些技术作为竞争优势，并节约成本。大量便捷的技术应用导致无数原本由人类完成的任务将由自动化系统完成。实施自动化系统尽管会带来更高的效率，但也会给职场动态、组织结构，以及组织文化等系统造成干扰，可能进一步影响员工的幸福感，这一点越来越令人担忧。

• **人工智能、社交机器人和虚拟工作空间**：人工智能、机器人和虚拟工作技术相关的新兴科学和应用，同样颠覆了员工在互动、协作和执行任务等方面的传统模式。由此产生的影响刚刚开始被研究和理解。

未来，技术增强的数字化、远程和混合型职场将为员工、领导者和组织提供许多新的机会。米哈里所发展的积极心理学在今天这样一个动态、快速变化的职场中将有更广阔的应用前景，创造令人瞩目的应用价值。下面，我们将着重介绍他的贡献，包括他帮助我们理解如何全情投入地工作，并使工作充满各种各样的最优体验。

工作投入与心流

许多调查报告显示，后新冠疫情时代，人们普遍难以投入工作，导致工作表现受到严重影响（例如，美国卫生局局长，2022）。晏和唐纳森（2023）系统性地回顾了投入感和心流这两个相关概念的科学文献，这两个概念常被用于不同类型的职场。然而，心流干预更常见于体育领域及体育导向的职场和组织。这些心流干预的评估结果大多是积极的，由此可见，在组织中创造更多工作中的心流和最优体验也可能给员工、领导者和组织带来价值。

在《好生意》一书中，米哈里详细阐述了积极心理学和工作最优体验的重要性，以及他的深刻思考。他认为，工作已成为当代生活的中心，已取代宗教和政治成为推动社会进步的核心力量。他的著作描述了员工、管理者和商业领导者如何在工作中找到心流，并创造积极的组织。这样的组织可以培养员工的信任、个人成长和最优体验，在追求自身利润和可持续性的同时，专注于服务更广泛的公共利益。以下是米哈里关于工作中的积极心理学和心流的一些重要引述：

  注意力就像能量一样，没有它，人们就无法完成任何工作。在工作过程中，注意力会被消耗。我们使用注意力能量的过程，也是塑造自己的过程。我们的记忆、思想和感受均由我们使用注意力的方式塑造。这是一种可控制的能量，我们可以随心所欲地使用，因此，注意力是我们改善体验质量最重要的工具。

  我们生命中最美好的时刻，并非那些被动接受、松弛安逸的时光——尽管如果我们在努力之后收获这些体验，也很愉快，但是最美好的时刻往往发生在一个人自愿挑战身心潜能的极致，去完成某项艰难而有价值的事情的过程中。

  因此，最优体验是我们自己创造出来的。对一个孩子来说，这可能是用颤抖的手指将最后一块积木放在他所搭建的高塔上，这座塔比他以往搭建的任何塔都要高；对一个游泳者来说，这可能是尝试打破自己的纪录；对一个小提琴手来说，这可能是能够熟练演奏一段复杂的乐章。每个人都有成千上万的机会去挑战自我，超越极限。

领导者需要了解，是什么激励他们的追随者：

在工作中，人们感到自己有技能且面临挑战，因此感到更快乐、更强大、更有创造力，且有满足感。在闲暇时间里，人们感觉通常没有什么事情可做，他们的技能没有得到发挥，因此他们往往感到更悲伤、虚弱、无聊和不满。然而，他们还是希望能少做一些工作，在休闲活动上多花时间。

这种矛盾的模式意味着什么？可能有多种解释，但有一个结论似乎是必然的：工作时，人们往往不会注意到他们感官体验的证据。他们忽视了即时体验的质量，而是基于文化中根深蒂固的关于"工作该是什么样"的刻板印象，来决定他们的动机，他们将工作视为一种负担，一种约束，一种对他们自由的侵犯，因此会尽可能地逃避它。

在纷扰的时代保持对工作的专注

数字技术的兴起对人们的专注力产生了深远的影响。根据微软公司的一项研究（Borreli 2015），人类的注意力持续时间已经减少至8秒，比2000年发现的12秒减少了4秒。虽然可获取的信息量大幅增加，但人类摄入信息的能力提升速度却远远赶不上技术与信息增长的速度。人类神经系统在既定时间内可处理的信息量是有限的。据米哈里总结，人脑在单位时间可处理的信息量是7比特（包括不同的声音、特定的思想或情绪、视觉刺激等），相当于每秒最多可处理126比特的信息，而人的一生总共可处理的信息量为1850亿比特，包括处理从思想、情绪到行动的生活各个方面的信息。随着现代技术的普及，人们越来越被信息的洪流淹没，包括面对面交流和环境刺激，以及来自互联网的电子邮件、短信等各种信息。米哈里指出，关于信息的这些数字是具有启发性的，人们可能不断想出有效的策略（如"组块"）来应对信息摄入量的增加。然而我们有理由认为，人们注意力持续时间的缩短也是一种适应性策略，试图帮助我们满足日常生活中不断增加的注意力需求，即对信息获取的需求。

诚然，技术进步使我们今天在工作中可以即时访问、共享和传输海量信息，然而，这一切也造成信息过载，如果海量信息不能得到有效管理，则可能严重阻碍工作中心流的发生。在许多情况下，信息就等同于干扰。比如，在网络会议中，你可能会同时接收到的信息包括正在讲话的人、屏幕上其他人的面孔、你自己的面孔、你的电子邮件收件箱、网页浏览器、手机上的短信和社交媒体，以及你所在的物理空间里可能发生的其他事情（比如，你在家工作，家里的狗在叫；如果你在办公室，身边有同事走过）。在这样的现代工作环境之下，人们怎么可能聚精会神地沉浸式远程工作呢？

米哈里的研究中有一个令人惊讶的发现，叫作"工作悖论"。尽管大多数人逃避工作，更愿意花时间休闲，但他们也报告说自己在工作中拥有一些最积极的体验，而在休闲时间里却常常情绪低落。这可能是因为许多工作本质上具有心流的特性，比如，工作为个人提供了挑战和使用技能的机会，即时反馈和清晰的目标，以及全神贯注的可能性。一项工作越是复杂且有内在吸引力，心流就越可能发生，个体就越可能进一步追求这项工作。

尽管工作中的心流与其他情境中的心流体验类似，巴克（2005）将工作中的心流定义为一种短暂的高峰体验，在这种体验中，一个人完全投入于他正在做的事情，伴随着时间扭曲感、行动与意识的融合等常见的心流体验特征。巴克（2005）对职场心流体验的前提进行了研究，他发现自主性、社会支持和反馈这些工作特征可以预测工作中心流的发生。同时，各类资源也有助于增进工作中的心流体验的普及，不论是个人资源（比如，自我效能感）还是组织层面的资源（比如，社会支持、清晰的目标、创新等），而且工作中的心流还被发现可以缓解工作疲劳（Zito et al. 2015）。

其他可能增进工作中的心流的工作特征包括技能多样性和工作任务的重要性（Demerouti 2006; Donaldson and Ko 2010; Fullagar and Kelloway 2009）。研究还发现一些可预测心流的具体工作活动，包括解决问题、规划和评估（Nielsen and Cleal 2010）。

一项研究分析了参与者在连续 10 个工作日里所写的日记，结果发现，员工当天的心流体验在其当天的情感认同和幸福感之间起到中介作用，也就是说，如果某一天里，员工对工作的情感认同更高，那么工作中的心流体验也更多，从而员工当天的幸福感也更高，而且日常心流体验有助于员工更有效地实现自控（Rivkin et al. 2016）。研究还发现，工作中的心流体验与员工的创造力相关，在真实领导力与员工的创造力之间发挥中介作用（Zubair and Kamal 2015）。对于责任感高的个体，频繁的心流体验可以全面提升工作表现，包括在分内职责和额外职责上的表现（Demerouti 2006）。心流体验还与工作中的动机、积极情绪和乐趣相关 (Donaldson and Ko 2010; Fullagar and Kelloway 2009; Martin and Jackson 2008)。

理论上，像清晰的目标、即时反馈、自主性、挑战等这些特征在工作中仍然可以实现。然而，干扰之坝已经建成，其在未来无疑将持续成为工作中心流的最大阻碍。新冠疫情迫使数百万习惯于在办公室工作的人改为居家办公，许多公司已永久调整了它们的政策，允许完全远程工作，或者更常见的是，采取混合型的工作方式。关于哪种方式最适合协作和绩效，存在激烈争论，许多高管强烈要求员工回到办公室全勤办公。然而，这场辩论忽视了关于幸福、绩效和心流的一个重要真理：并不存在一个适用于所有人的方法。对每个人来说，心流的获得因人而异，取决于很多因素，比如人们天生的性格特质、他们所在的组织和团队、职位级别、工作地点，以及个人经历和职业经历。

促进工作中的心流

在杜宾（2018）的博士论文中，他对知识工作者进行了采访，以更好地理解心流的促成因素和阻碍因素，以及在持续干扰的环境中创造心流的策略（见表3-1）。

表 3-1　心流的促成因素、抑制因素和策略总结，摘自杜宾（2018）的博士论文

1. 促成心流的重要因素		2. 抑制心流的重要因素	
耳机和噪声水平	• 佩戴耳机/耳塞 • 噪声干扰	人为干扰	• 人际干扰 • 电子设备干扰
有清晰的方向	• 知道要做什么，要去哪儿	紧急任务/优先事项	• 老板要求的优先事项 • 工作任务
积极领导力	• 树立榜样 • 提供自主空间 • 提供挑战	次优个人状态	• 心理上的 • 身体上的
最优个人状态	• 身体上的 • 交付期限压力 • 心理上的	项目性质	• 缺乏清晰度 • 缺乏掌控
同事影响	• 传染性心流 • 与他人协作		
3. 促成工作中的心流的策略			
管理时间和任务	• 待办事项清单 • 给工作任务计时 • 在日程中安排心流时间 • 给任务设定优先级		
管理电子设备的使用	• 把手机放到一边 • 管理消息通知 • 使用专注应用软件 • 使用打印资料 • 删除应用软件		

续表

3. 促成工作中的心流的策略			
身心健康	• 休息 • 饮食 • 运动 • 冥想 • 瑜伽 • 睡眠 • 平衡		
变换地点	• 远程办公 • 独立办公室		
领导力	• 尊重 • 反馈 • 自主性		
戴耳机 / 听音乐	• 耳机 / 适合工作的音乐		
事先做好准备，并有一个方向	• 对生产力的满意度预期 • 会议 • 明确清晰的方向		

资料来源：经杜宾（2018）授权。

基于这项研究和心流体验的总体特征，我们可以采取以下几个策略，在工作中促进自己心流体验的发生。

1. 识别自己的喜好、创造力、生产力高峰时段。有些人喜欢在宁静的清晨完成个人工作，而有些人则属于夜猫子，他们在太阳落山后感到精力充沛。有些人喜欢先自己思考，再和他人讨论，而有些人则喜欢大声说话来整理思路。为了在生活中创造更多的心流体验，我们首先需要提升自我觉察，清楚我们能量的来源，然后基于此构建我们的生活，使其朝着更有利于心流的方向发展。

2. 创建自我反馈机制。在工作中，当我们做一项任务时，往往很难知道自己的进展是正确还是错误的。虽然来自管理者的持续反馈很重要，但很多人没有得到足够的反馈，或者根本没有这样一位管理者。因此，每当我们在工作中创造出令自己感到自豪的东西，或者从管理者、客户或同事那里收到积极反馈时，我们都应该像篮球队回顾比赛录像一样，"研究"这些胜利时刻，看看哪些做得好，哪些需要改进。当我们未来处理类似的事情时，就可以参考这一成功经验，并开始给自己反馈，知道我们是否在正确的轨迹上做着有意义的努力。

3. 批量完成相似的任务。想象有这样一个时间表：1点到1点半开会，1点半到2点休息，2点到2点半再开会，然后2点半到3点休息，3点再开会。如果是这样的时间安排，那么我们就该和任何心流或成就感说再见了。更可能创造心流的做法是，将三个会议安排在一起，连续进行，之后给自己90分钟不被打扰的时间，投入另一项工作。当我们如此频繁地在不同任务之间切换时，我们就没有足够的时间去深度投入某些有意义的事情，而且频繁地切换工作场景也会给心理造成负担。碎片化的一天会让人感觉忙碌，但通常缺乏能量或成就感。

4. 在关系互动中保持临在和专注。从杜宾（2018）的博士论文中，我们个人最喜欢的一个发现是，心流具有传染性——在与他人互动时，我们的能量和投入状态会直接影响到他人的能量和投入状态，反之亦然。因此，我们要在每一次人际互动中投入关心和关注，这样他人也更可能以同样的态度对待我们，并且更可能在当天的更多关系互动中传递这种态度。

5. 养成你的心流准备习惯。为确保身心都准备好迎接心流体验的到来，我们事先也需要养成一些习惯来帮助我们完全投入某件事情。通常人们早上起床后会有一套习惯程序来开始新的一天，比如遛狗，和家人共度时光，悠闲地边吃早餐边读报，或是锻炼身体等。留出时间进行这些准备活动，能让我们一整天的工作都事半功倍，并且在心理上准备好去应对工作中的各种挑战和压力。

结论

排除干扰，重塑我们的日常生活结构，这些策略性的步骤为我们铺设了一条更明朗的通往心流的道路，这是很好的开始。然而要在工作中找到持续的心流状态，还要挖掘更深层的因素，我们仍需要弄清楚，如何真正修通这条道路。这就需要从我们的身心健康出发。通过营养膳食、锻炼、睡眠和休息来关爱我们的身心，确保我们的工作引擎正常运转。如果我们的身心状态不佳，无论具备多少条件，心流状态都很难发生。而如果道路清晰，且我们的引擎运转正常，我们就可以开始更全面地重塑我们的工作体验，让心流持久发生。

除了一些个人可控因素，领导者也发挥着至关重要的作用，可以为员工的心流创造条件。例如，作为个人，我们可以在工作中设定明确的微观目标，而总体宏观目标通常是由领导者确定和传达的，这些宏观目标告诉我们要努力的方向、更大的愿景，以及我们的工作如何为实现愿景做出贡献。在工作中的自主感这一影响工作心流的关键因素，也很大程度上不在员工个人的掌控范围内，需要管理者来确立。

领导者还决定了他们的员工在工作中多大程度上能够直言不讳，让员工自由地提出问题和新想法，有助于促进集体心流的发生。研究发现，心流具有传染性，因此公司中每个人的状态都会影响组织整体上创造心流的能力。虽然在个体层面，我们有必要做些调整来增强自己的心流状态，但在组织中，心流是一个集体过程，组织中的每个人，无论是领导者还是个人贡献者，都对同事的日常体验起到至关重要的作用。

人们将大部分清醒的时间用于工作或从事与工作相关的活动（例如，职业教育、工作培训等）。如何把工作中清醒的时间过得更有质量，使其尽可能充实、高效？米哈里为我们提供了许多深刻洞见。他鼓励我们寻找惠人达己的好工作，践行利义并举的好商业，并重塑我们的工作和职业生涯，使其有利于创造心流和最优体验。当然，如今我们有责任将他的理念应用到自身的工作和职业发展中，尤其是在未来可能面临的复杂数字化职场环境中，并致力于改善当今及未来工作场景中个人和集体的幸福感，促进人们在工作中的积极表现（美国卫生局局长 2022）。

第四章
在运动与休闲中发现心流

工作动机往往是从外部开始的——薪水不可协商。这给在工作中寻找心流增添了一层复杂性，我们大多数人都必须工作，无论是否能从中找到内在激励。而闲暇时间则不同，我们会自然而然在内在动机驱使之下去投入某些活动——做某件事通常是因为我们想做，而不是不得不做。可是，我们自然选择去做的活动往往并非能让我们进入心流的活动。如果工作了一整天，或是照顾了一天年幼的孩子，感到身心俱疲，我们可能会选择蜷缩在沙发上，盖一条舒适的毯子，不停地刷手机直到入睡。像这样日复一日，我们就会觉得"得过且过，就这样吧"。这样的生活本身无可厚非，但也好不到哪儿去。2021 年 12 月 3 日，在新冠疫情大流行发生近两年后，组织心理学家亚当·格兰特在《纽约时报》上发表了一篇文章，表达了我们许多人当时的感受——"萎靡不振"，这样的感受一直持续至今。"这是心理健康中被忽视的'中不溜'状态：不是倦怠，我们仍有能量；不是抑郁，我们并不绝望；我们只是感到有些郁郁寡欢，漫无目的。"格兰特将萎靡不振描述为"一种停滞感和空虚感，日子好似浑浑噩噩，雾里看花"。在文章的最后，格兰特指出，心流可能是摆脱萎靡不振的解药，在新冠大流行初期体验心流的人后来的人生也更有幸福感。虽然工作中的心流可遇不可求，我们未必能完美掌控一切必要条件，但我们仍可以在休闲活动中积极追求更多心流，为日常体验带来更多敏锐度和清晰度，从而摆脱萎靡不振。本章将探讨休闲和运动领域中的心流，旨在帮助人们更好地理解如何在这些领域的各类兴趣活动中发现心流。

心流与休闲

能给我们带来心流体验的休闲活动数不胜数。关于什么是

"休闲"，并没有一个既定的公认定义，但一项分析（Primeau 1996，转引自 Perkins 和 Nakamura 2012）表明，我们有以下三种方式可以定义这类活动。

1. 工作之余，或其他生产维护活动之外的时间。
2. 在特定文化中被人们视为休闲追求的活动。
3. 一种自由选择的、有内在奖赏的积极体验。

也就是说，如果一项活动是我们选择在工作之余进行的，且给我们带来了快乐，那么它就可以算作休闲活动。我（杜宾）在为组织主持心流研讨会时，通常会请参与者说出一个他们在闲暇时间发现心流的活动。最常见的回答包括烹饪或烘焙、阅读、演奏乐器、解谜、玩游戏、写作、园艺、与志趣相投的人交谈、清洁与收纳（这一点让我惊讶），以及观看引人入胜的电视剧等。不论是什么活动，只要有人说出一个能积极沉浸其中的日常休闲活动，且给他带来了掌控感、清晰感和反馈，我就感到很欣慰。在社会心理学早期的休闲理论当中，像"自由感"和"内在动机"等概念对于休闲活动的普及与体验质量起到了关键作用 (Iso-Ahola 1979; Mannell 1984; Neulinger 1974, 1981; Tinsley and Tinsley 1986)。斯坦福大学商学院组织行为学助理教授戴维·梅尔尼科夫指出，进入心流状态并没有明确的时间结构，而是取决于任务的复杂度和你对它的熟悉程度（Dunn 2024）。

跟随心流

在寻找心流休闲活动时，你可以问自己以下五个问题。

1. 你是想投入更多体力还是更多脑力？

有些人喜爱主要由身体参与的心流活动（比如打球、跑步、举重）。而有些心流活动则需要投入更多脑力（比如读书、解谜、写作）。正如米哈里所说：

> 生活中美好的体验不仅仅来自感官。我们所经历的一些最令人兴奋的体验往往源自内心，由那些挑战我们思维能力的信息引发，而非来自感官技能的运用……正如身体的每一种潜能都有与之对应的心流活动，每一种思考活动也能带来独特形式的愉悦。

还有一些心流活动是身心结合的，例如练瑜伽或演奏某些乐器。每个人青睐的活动也不一样，对你而言，总有一些活动比另一些活动更有内在吸引力。有的人被体育运动或锻炼吸引，他们喜爱这些活动过程中和结束后的美好感受，而有的人则只是出于保持健康和身材等外在原因而追求这些活动。即便是在运动领域里，人们的喜好也千差万别，有的人觉得个人运动很无聊（比如跑步），而有的人则从中找到心流（比如参加动感单车课程）。归根结底，只有真正适合你的运动，才是最好的。有的人喜欢参加动感单车线下课程，享受课堂上那种人满为患、活力四射的氛围，而有的人则觉得那样的场合缺乏个人空间，令人感到焦虑和压抑，更喜欢独自跑步。有的人更喜欢在团队运动（如打篮球或踢足球）中与队友合作，而有的人则更喜欢完全自力更生、掌控全局（如打网球或高尔夫球）。重要的是，我们要意识到自己发自内心喜爱的是什么——不是别人认为我们该做什么，也不是为了取悦任何人。生活中已有很多事情我们身不由己，在选择休闲活动时，我们就更应当从心所欲。可有时候，我们太过习惯于迎合他人，以至于忽略了自己实际上对什么感兴趣，导致在休闲时间里也不能遵从自己的喜好和价值观。

2. 你能投入多少时间？

衡量休闲活动进度的标准多种多样。有的人通过计时来跟进（比如在 30 分钟动感单车课上盯着倒计时器），而有的人则用清单（例如，按照烘焙说明或乐高组装手册的指示操作）。如果你的时间紧迫，就别选择那种会让你沉迷数小时的活动，别去看引人入胜的书，否则你会感觉时间不够用，刚开始沉浸其中就要结束了。你若是只有 25 分钟，那就去玩一个填字游戏。在开始一项活动之前，请先确保你在有限的时间内能取得一些有意义的进展，这会比浅尝辄止更有利于进入心流状态。另一方面，如果花太多时间去完成一项任务，你就会变得低效。根据帕金森定律，工作会自动占满我们为完成它所分配的时间。因此，如果你本可以在 25 分钟内完成填字游戏，却给自己一小时，那么你会自然放慢速度，三心二意，好让完成任务的过程消耗一小时。

3. 什么活动符合你的身心节律和生活节奏？

有锻炼习惯的人往往喜欢在早晨（赶在上班、照顾孩子和上课等活动之前）或一天快结束时进行锻炼。唯有知道何时锻炼自己的身体效果最佳，遵从身体的自然节律，才能为自己创造最有利于心流发生的运动体验。脑力活动也是如此。有些人更愿意在早晨思考，而工作一天后已经精疲力竭，无法思考任何工作以外的复杂问题。或许，成天看护孩子的人更愿意在空闲时做一些安静的心流活动，让心静下来，比如阅读。而成天在办公桌前安静工作的人，可能更喜欢在闲暇时和他人一起吃饭聊天。要能够成功进入心流状态，我们的身与心必须做好准备，这取决于我们在身体上、精神上和个性上的偏好，以及我们的生活境况。内向者通常更偏爱个人心流活动，但也未必，如果他们的工作已经有很多独处时间（比如主要在家办公），他们可能会在闲暇时选择有人陪伴的活动。外向者通常更喜欢集体心流活动，但同样也有例外，这取决于他们的生活境况。

4. 什么能激发你的内在动机？

在第一章中我们提到，内在动机是心流体验的一个核心特征：你做某件事只为体验它的过程，别无他求。这种活动本质上就令人愉快，足以让你乐此不疲，你不需要任何外在奖赏——不论是金钱、地位还是认可——来坚持。什么会激发你的内在动机呢？为了了解这一点，《纽约时报》专栏作家珍西·唐恩建议我们去"狩猎"心流：

请写下你在过去一年里经历的五个最让你沉浸的时刻。你当时在哪里，在做什么？这些时刻有什么共同点？也许它们都发生在户外，或者有其他人参与。从这份清单中，你可以了解是什么让你进入心流状态。你过往的兴趣爱好也可以提供一些线索，比如，你年轻时热爱做些什么？如果你可以重返校园学习一年，你会选择学什么？

如果你在青少年时期玩电子游戏很有心流体验,那么今天的你可能仍然会从此类游戏中得到快乐和沉浸感,但也许你没时间,或者认为自己已经成熟,不再是少年了。任何类型的游戏(电竞、手游、桌游、拼图等)都自带许多能持续引发心流的属性。比如,有清晰的目标,让你的技能与可达成的挑战匹配,以及深度专注。随着你的兴趣变化,那些能使你有心流体验的游戏类型可能会发生变化,但游戏和沉浸愉悦感之间的关联却是永恒的。

5. 我现在的感觉如何?

哈佛大学教授、《哈佛幸福课》一书的作者丹尼尔·吉尔伯特说:"我们在人生的每个阶段都会做出一些将深刻影响我们未来的决策,而当我们成为未来的那个自己时,却并不总是对曾经做出的决策感到满意。"吉尔伯特的观点主要涉及未来数年会对我们产生影响的决策,但它在更微观的层面也是适用的。尽管在认知上我们为自己做出了决策,但在情感上,我们的能力却无法胜任挑战,无法按计划执行。例如,我原本和他人约了下班后一起吃晚餐,在做决策的当下我感到精力充沛,乐于社交,可是在开了一整天紧张的工作会议之后,我就不想履约了。当然,仅仅因为我们不再想进行社交就取消和他人的约定是不礼貌的,但在个人爱好方面，我们还是要倾听自己当下的感受。如果我整天坐在办公室，那么我可能更渴望进行一项身体积极参与的心流活动。如果我整天站着工作，那么我可能更愿意在下班后坐下来读一本书，或玩一局电子游戏。有时候不想做一件事，我们还是要挑战一下自己（比如，人们在疲于锻炼时仍然选择坚持锻炼，之后从未后悔做出这个决定）。但是我们的身心能力可被拉伸的程度是有限的，一定要考虑到自己当天的能力限度。我们能做到的最好程度每天都会有所不同，因此在选择心流活动时，也要切合实际，考虑到自己在身体、情绪、认知和心理等方面的感受，从而获得更大的成功和满足。

心流、电视与电子游戏

唐恩将电视与电子游戏这类心流活动称为"低风险心流状态"。其中最受欢迎的一个心流活动就是看电视。与米哈里的《心流》一书问世时相比，三十多年后的今天，电视节目已发生巨大的变化。那时，米哈里的研究表明，尽管相比于看电视，工作可以带来更多的投入感和乐趣，但人们还是宁愿看电视而不是工作。他将这一现象称为"工作悖论"。1991—1992年，每周观众人数排名前五的黄金档电视节目中，有四个是情景喜剧（《罗丝安妮》《墨菲·布朗》《欢乐酒店》《男人唔易做》）。这些情景喜剧传统上非常轻松易看，旨在逗笑观众，让他们的大脑暂时得到休息。在那之后，所谓的"精品剧"时代到来，以《黑道家族》《火线》《绝命毒师》《广告狂人》等剧为代表，更注重通过复杂的人物和剧情挑战观众的审美和认知。还有，像《迷失》和《权力的游戏》等剧集同样引爆全网热议——观众不仅疯狂推测后续剧情走向，更对细节展开深度剖析，这种在剧集间歇期的激烈讨论本身也为心流提供了源泉。因此，与 20 世纪 70—90 年代常见的轻松情景喜剧相比，观众投入到这些精品剧中的精力、注意力和分析技巧显著增加。

如今，随着网飞和流媒体时代的到来，全季剧集在网上一次性发布，我们可以一口气看完整部剧，用一个周末疯狂刷十集剧成为家常便饭。电视节目更加注重设置悬念吊观众胃口，播完一集自动播下一集，让人也情不自禁地继续追下去。下一集会回应我们迫切想知道的"答案"，然而新的情节当然又会带来新的悬念，让我们忍不住又去寻找更多答案，这些精心设计的算法使我们持续沉浸其中，直至一整季完结。今天，只要你设定好一些参数，追剧确实可以让你心流激荡。而若是坐在电视屏幕前数小时，连刷五集剧，你很可能"过度心流",让你对剧情产生审美疲劳,而且身心俱疲。

此外,文化评论员凯尔·恰卡在《纽约客》(2020)中探讨了一种较新的现象,称为"氛围电视",也就是说,当我们在做其他事(比如刷手机或查看电子邮件)时,电视节目就像背景音乐一样在后台播放。这种现象已成为文化的一部分。恰卡以网剧《艾米丽在巴黎》为例描述了这一现象:

> 《艾米丽在巴黎》旨在提供一个有情感共鸣的背景,让你可以不停地盯着手机刷新自己的社交媒体动态——在那里你会找到关于《艾米丽在巴黎》的梗图,以及各类二次创作的短视频。这部剧似乎在说,一直看手机是可以的,因为艾米丽也在这么做。剧情很简单,不会令人费解;当你再次抬头看向电视时,你可能会发现,屏幕上出现了塞纳河的追踪镜头或者鹅卵石铺成的小巷,这些画面虽然美丽,却毫无意义……最终,当你连续观看两集而没有暂停或跳过时,网飞会询问你是否真的在观看。我羞愧地点了"是",于是艾米丽继续待在巴黎。

这类剧的出现,就是为了契合我们的兴趣,纵容我们对多屏幕分心的需求,而这进一步阻碍了我们进入心流状态。这些剧似乎非常了解我们的手机成瘾行为,甘愿给手机当陪衬,而不是取代手机。因此,和 20 世纪下半叶相比,看电视更能带来心流,但更常见的情况是,看电视让人感到无聊和萎靡不振,除非我们更有自主意识地选择观看什么内容和投入多少注意力。

看电视是更被动的心流活动,而电子游戏则为我们创造了更多主动追求心流的机会。游戏的设计通常遵循心流的条件,包括具有清晰的目标、即时反馈,并提供与玩家技能相匹配的挑战,从而使玩家的技能不断发展。其设计目的就是让玩家沉浸其中。许多研究调查了心流在游戏中的普遍性(Chen 2007; Cowley et al. 2008; Jin 2012)。考利(2012)总结了与心流相关的四类游戏体验。

1. 效能感。当玩家能够直接看到自己行动的影响时,他们会感到被赋权,这源于他们在游戏过程中不断获得即时反馈,以及游戏的挑战与他们技能水平的持续匹配。

2. 认同感。当我们摆脱现实中的自己,完全融入游戏中的角色,就会产生对游戏的认同感。例如,在一个橄榄球视频游戏中,我们的身份是四分卫,这是带来沉浸体验的一个关键要素。

3. 穿越感。在游戏体验中，我们的精神穿越到了另一个世界，这使我们全神贯注于游戏世界中的各种刺激，而失去自我意识。

4. 认知负荷。游戏提供了一整套完全独立于物理世界的认知刺激，给玩家带来相当大的认知负荷，从而使其保持全神贯注。考利指出，要使游戏带来心流，必须具有"一系列清晰明确的目标，包括使命、剧情、关卡、任务和明确的结构，这样才好评估一场游戏的输赢。毕竟，人脑在既定时间内能够处理的信息量是有限的"。

无论是电视节目，还是电子游戏，都为我们提供了投入于物理世界以外的故事或任务的机会，并且让人很容易从中获得心流。这两种媒介在过去三十年间都以惊人的速度发展，使其沉浸元素最大化。未来三十年，随着虚拟现实和增强现实领域的游戏日趋普及，这些沉浸元素只会更流行。当然，互联网也已成为人们在休闲时产生沉浸感的一大来源，我们将在第五章对此进行深入探讨。

心流与体育运动

米哈里说："人体有数百种独立功能——看、听、触、跑、游泳、投掷、接球、登山、洞穴探险，不胜枚举——每一种功能都有其对应的心流体验。"在创造心流方面，生活中其他领域的活动很难与体育运动相提并论。当身体各项功能与具有结构感和竞技性的体育运动相结合时，就为心流的产生提供了绝佳的有利条件。研究还发现，表现卓越、自信、动作轻松自如的运动员，也更容易获得心流（Harris et al. 2017; Jackson and Roberts 1992; Keller and Landhäußer 2012; Nakamura and Csikszentmihalyi 2002; Nicholls et al. 2015）。当金州勇士队传奇人物斯蒂芬·库里从三分线外接球并看向篮筐时，他的目标非常明确："我要进球。"在那一刻，任何事情都不再重要（见图4-1）。有时他信心十足，以至于在球还没进入篮筐之前就开始跑回球场另一边。他这样描述那些时刻的感受："一切都似乎自动发生。你所做的一切都有一种协同效应，甚至你的意图也被周围的气氛证实。当一切似乎都在同时顺利进行时，你会完全沉浸在那一刻。"（Caldwell 2023）

一些最伟大的篮球运动员都有过这种心流体验。比如，已故的湖人传奇球员科比·布莱恩特曾这样描述："当你进入化境时，会感到信心爆棚……时间仿佛慢了下来。你根本不关注正在发生什么。你必须努力保持在当下，不让任何事情打破那个节奏。"

图 4-1 斯蒂芬·库里投三分球
资料来源：Ezra Shaw/Getty Images/ 视觉中国。

(Vaughn et al. 2017) 2024 年，湖人队球星勒布朗·詹姆斯在比赛第四节赢得 21 分，带领球队反败为胜，他描述了当时在心流中的感觉："我完全处于化境之中。你可能听说过在我们篮球比赛中处于化境是什么感觉，就是你感觉你投出的每个球都会进……你希望自己永远停留在那种状态，但很显然，比赛结束，它也就结束了。但在那个期间你感觉不到任何东西，它就像是降临在我身上的一股超能力。"(Linn 2024)

或许没有什么领域比体育运动更能提供丰富的心流体验了。

无论是业余的还是专业的，无论是个人项目还是团体项目，当一个人的身与心完全协调一致，拥有清晰的微观和宏观目标，每一步都能获得即时反馈，心流就自然发生。"化境"这一心流的别名，正是产生于体育运动领域。事实上，心流状态下的精英运动员充满魅力，作为观众，只是见证他们的精彩瞬间，也能受其感染而体验到心流。

在 2022 年季后赛中，堪萨斯城酋长队四分卫帕特里克·马霍姆斯上演了一场激动人心的逆转胜利，击败了布法罗比尔队，当时他佩戴的 Whoop 心率监测仪记录了他整场比赛的心率。赛后，其体能教练博比·斯特鲁普发布了一张有趣的截图，显示了他在比赛过程中的心率变化（见图 4-2）。

也就是说，当对方球队控球时，他的心率远高于平时，而当他的球队开始控球，他带领球队进行开球前集结时，其心率显著下降。等等，什么？！众所周知，运动员在体育运动中压力越大，心率越高。然而这一发现表明，当他感到自己掌控了局面，球队控球并由他带领开球前集结时，他的身体感到平静，心率从而下降。当处于心流状态时，就像马霍姆斯在极高压力下的心率所显示的那样，我们反而体验到一种冥想般的平静。

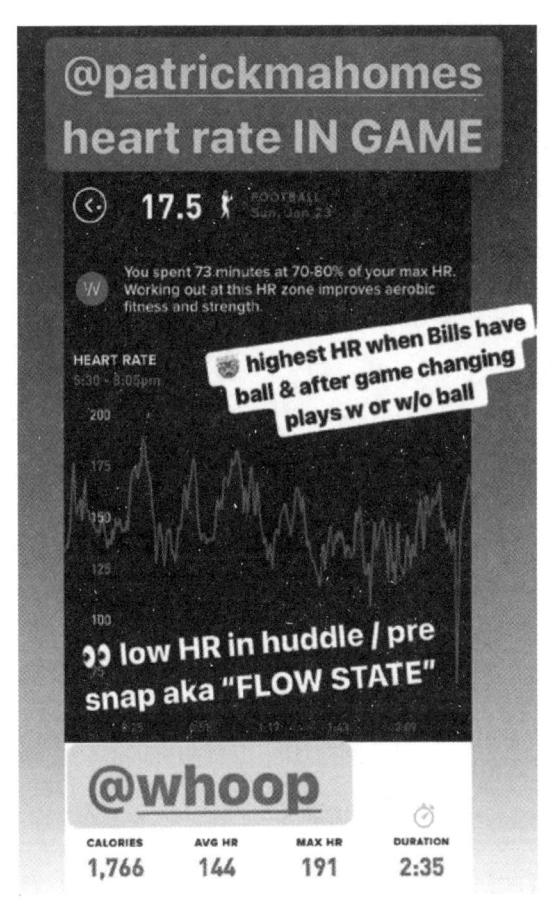

图 4-2　该图由马霍姆斯的体能教练博比·斯特鲁普发布，显示了这位四分卫在 2022 年季后赛过程中的心率："布法罗比尔队持球时及比赛扭转局势后，其心率最高，不论有没有持球"，而"在战术讨论时或开球前，其心率较低，即所谓的'心流状态'"

金牌游泳选手凯蒂·莱德基（见图 4-3）描述了打破世界纪录时的这种平静感："我感到非常放松，感觉轻而易举，所以我很惊讶自己竟打破了世界纪录。"（Vaughn et al. 2017）

图 4-3 2022 年 10 月 29 日,在多伦多世界杯的 1500 米自由泳项目中,金牌游泳选手凯蒂·莱德基打破世界纪录
资料来源:视觉中国。

马霍姆斯、库里和莱德基等人有着清晰的即时目标(比如投篮得分、完成传球),同时团队也有明确的集体目标(比如赢得比赛、进入季后赛、赢得冠军),这使所有人全情投入、齐心协力。体育运动提供了一系列可追求的客观目标,这在我们生活的其他领域是很少见的。试想,在一家大型公司的市场营销部门里,有什么目标可与"赢得冠军"相提并论吗?团队的共同目标使每个人都朝着同一个方向前进,最优秀的团队总能毫不犹豫地确保其采取的每个行动都是为实现集体目标而服务的。

我们在第一章所描述的心流要素也同样适用于体育运动领

域，杰出的运动心流研究者苏珊·杰克逊对此做了如下总结，我们也给每个要素补充了来自精英运动员和教练的发言供你参考。

1. 挑战与技能平衡。"我想那可能是极大的挑战，但我们并没有把它当成一大难关。"（橄榄球世界杯赛选手在球队最后一场比赛前）

2. 知行合一。"你感觉不像是坐在自行车上。你感觉自己和自行车融为一体，就像是只有一台机器在运转……就像你天生就是这台机器的一部分，而这就是你前进的方式。"（来自杰克逊的受访者，一位精英自行车手，化名"西蒙"）

3. 清晰的目标。"我每天和每月的短期目标都是可实现的。我喜欢设定让自己感觉更好的短期目标，从而为长期目标做更好的准备。"（奥运会游泳选手杰西卡·哈迪）

4. 明确的反馈。"反馈的目的是提供帮助，未雨绸缪，纠正错误并改进。批评不是为了惩罚，而是为了排除阻碍，实现更好的结果。改进是唯一的目标。"（传奇的加州大学洛杉矶分校篮球队主教练约翰·伍登）

5. 全神贯注。"我110%投入；这就是唯一重要的事。我简直不敢相信，自己是怎么能够保持三小时如此高度专注的。我原本是个容易走神的人，尤其是在压力之下。"（西蒙）

6. 掌控自如。"在我的职业生涯中，从未打过一场完美的网球，但我确实在一些比赛中感到一切尽在掌握，甚至从未使出全力。"（网球界传奇人物安德烈·阿加西）

7. 浑然忘我。"你必须在团队中失去自我，在比赛中失去自我。"（肯塔基大学篮球队主教练约翰·卡利帕里）

8. 时间感转变。"当你进行锻炼，或者做任何积极活跃的事情时，团队一起做会更有乐趣。你会忘记时间，不知不觉就锻炼了两小时，因为你乐在其中。"（勒布朗·詹姆斯）

9. 自成目标体验。"你永远不是真的在和对手比赛，你是在和自己比赛，是挑战自己的最高水平，当达到自己的极限时，你会感到真正的快乐。"（网球界传奇人物阿瑟·阿什）

杰克逊和米哈里还列举了精英运动员在访谈中描述心流体验的常用词语和短语（见表4-1）。

其他领域都可能充斥着数字技术干扰，以及存在目标不明确、不安全感或自我意识、外在动机等因素，阻碍心流的发生，而在运动领域则不会有如此多的干扰和阻碍，这促进了心流体验更持续地发生。比如，我（杜宾）参加了一个成人业余男子篮球联赛（我的球技最多只有中等水平），每周打一小时比赛，那是我忙碌奔波的日常生活里为数不多可以指望的心流来源之一。在

表 4-1　精英运动员在访谈中描述心流体验的常用词语和短语

在化境中	进行得非常顺利
心满意足	其他都不重要
专注	轻而易举
进入状态	状态良好
全情投入	最优节奏
平静	流动
自动发生	保持专注
一切顺利	有掌控感
激活状态	强劲有力
注意力集中	完全镇定自若
快速且轻松	漂浮
理想	超级有活力
所向披靡	尽在掌握

资料来源：Jackson and Csikszentmihalyi (1999) / Human Kinetics。

那一个小时里，时间飞逝，所有职业上和个人生活中的忧虑都烟消云散了。而比赛一结束，我打开手机查看时间，心流就结束了。我的思绪立刻飞转起来，开始想着第二天的日程，想宝宝是否睡得安稳，以及当天的任何其他忧虑。然而，哪怕只是短短一小时，当我从澄澈的心流体验中走出来，也会有一种超脱于日常琐事的独特感受，感觉更有能力去处理那些事情了。

苏珊·杰克逊和米哈里合著了一本书，名为《运动中的心流：最优体验与卓越表现的关键》。该书主要探讨了运动员与其获得心流的能力之间的关系，书中有这样一段关于体育运动体验的描述：

> 如今，很多人对运动感兴趣是出于一些更实际的原因：希望保持体重，降低血压，赢得比赛，或者梦想在职业联赛中赚一大笔钱。然而，不论运动员出于何种动机，体育运动的核心是它所提供的体验质量。体育运动与生活中大多数活动的体验截然不同，它可以提供一种极其令人满足的状态，人们参与其中不为任何其他理由，只是乐在其中。

结论

本章深入探讨了两个主题：休闲和运动。我们大多数人都会在内在动机驱动之下自发地追求这两类活动。因此，它们也是心流研究成果丰硕的领域，并将在我们的日常体验中发挥重要作用，影响我们在日常活动中找到心流的能力。爱默生对休闲生活有一个精彩的观点："好好守护你的闲暇时光。它们就像是未经雕琢的钻石。你若抛弃它们，将永远不会知晓它们的价值。你若改善它们，它们将成为最闪亮的宝石，为你的生活增添光彩。"（Hurtado 2023）

随着我们的生活变得越来越忙碌，我们也倾向于在休闲时间里尽量少付出努力。比如，坐在沙发上刷社交媒体似乎是最诱人的选择。然而事实上，我们越是刻意选择心流休闲活动，就越会感到精力充沛、思维敏锐，从而可以更有活力地迎接新的一天。这与我们许多人在运动前的感觉相似：我们常常感到疲倦，不想动弹，但我们知道，只管去做就绝不会后悔。就像锻炼一样，一旦我们开始在闲暇时间持续追求心流活动，它就会成为一种习惯，潜移默化地融入我们的生活。

在休闲时间里，我们通常会选择参与和工作时不同的活动：如果整天都和同事在一起，我们就选择一项不需要和人交谈或社交的活动；而如果在家里独自工作，我们可能就更愿意在下班后与朋友共度时光。你也可以根据你的偏好和实际情况，选择去做对你有意义的事情。毕竟，这可能是一天中唯一真正属于你自己的时光。

第五章
数字社会中的心流

与三十多年前米哈里的开创性著作问世时相比，当今时代人类的注意力与意识已很大程度上从物理世界向数字世界发生了转移，这深刻改变了我们的诸多生活方式，包括如何消磨时光、思考、行动、交流、协作、工作和娱乐等等。由于心流的发生取决于我们在哪里投入时间和注意力，数字世界既有极大的潜力促进心流，也有极大的可能阻碍心流。互联网仅用了短短三十年就得到普及，在我们获取新闻资讯、休闲娱乐、做研究、开展社交和完成工作等方面发挥核心枢纽作用。回顾几十年前，例如在20

世纪 80 年代，我们获取新闻资讯的途径仅有一两个（如当地报纸和电视节目《60 分钟》），并且我们主要与自己身边的人互动，仅在有时间时才打一两个电话。那时，我们大脑的放松时间远比现在多，因为可随时支配的刺激源要少得多。

现在，我们来看看数字化社会中典型的日常。很多人醒来后会立即查看手机，比如，查看工作邮件、朋友发来的信息、各类社交媒体平台推送的消息，以及我们曾用邮箱订阅的各类新闻头条资讯。如果没有其他事要忙，我们可以一整天都沉溺于手机。若是我们有什么问题需要解答，维基百科、谷歌及无数其他平台会竞相成为我们的首选询问对象。任何时候我们对任何事感兴趣，都可以在 YouTube 上刷无数小时视频，不论是自学弹吉他，还是安装墙板，又或是做一份完美的简历，然后奖励自己观看数小时 20 世纪 90 年代迈克尔·乔丹所在公牛队的比赛的精彩片段。社交媒体平台也可以作为你其他体验的延伸，比如，在追完最新一集你最爱的剧集后，你可以立即登录红迪网，查看实时热议和粉丝们对剧情的脑洞预测。然而，最常见的可能是无意识的浏览，你登录某个社交媒体平台，连刷数百条动态，稍不留神就从兴致勃勃变得麻木无趣。

这些线上体验在今天如此普遍，我们竟忘了它也曾是新鲜事物。30 多岁的年轻人或许还记得当年拨号上网时的长音。这让我想起了观看 20 世纪五六十年代的影片或节目，那时的每个人物角色都在抽烟，一包接一包地抽，完全没有考虑潜在后果。如今，若是你去看任何重大体育赛事、音乐会或文化活动的照片，会发现大部分人都举着手机，透过数字屏幕观看现场，最终都是为了将其发到网上。2015 年，一张照片红遍全网（见图 5-1），在电影《黑色弥撒》的波士顿红毯首映式上，一片移动设备的海洋中，有一位老妇人没拿手机，而是在沉浸式地观看。

图 5-1 《黑色弥撒》在波士顿红毯首映式的一个场景
资料来源：Boston Globe/Getty Images/ 视觉中国。

直至后来，我们了解到吸烟对健康的毁灭性伤害，公共场所开始设立无烟区，后来又有了吸烟区，以及越来越多的禁止吸烟区，人们指间夹着香烟的场景才终于逐渐从荧屏上消失。过去我们手里夹着香烟，现在我们手里握着手机，沉迷于多巴胺的刺激与我们曾经对尼古丁上瘾如出一辙。尽管"手机成瘾"尚待时间显现，我们现在已经有"无手机恐惧症"（nomophobia）这一术语来描述人们对没有手机的恐惧感。

从心流的角度来看，这意味着现在我们可以随时轻而易举地沉迷于某件事，比以往任何时候都容易。然而，沉迷并不等同于心流——心流是一种整体、有意义的体验，它需要你发挥技能来应对某项挑战。我们参与的大多数活动都有一个自然的结束点：电视剧一集 30 分钟或 60 分钟就结束了，玩拼图游戏时，如果没有更多碎片需要拼凑，拼图就完成了，烘焙时饼干出炉就做好了。相比之下，数字宇宙是一个无穷无尽的游乐场，信息和内容像物理宇宙一样不断膨胀。我们若想与数字世界保持健康的关系，就需要保持自律和自主意识。已有很多人在探讨，需要限制使用手机和上网时间，这当然是重要的，但我们很少关注自己在线体验的质量。浏览 Instagram 30 分钟和在多邻国（Duolingo）上花 30 分钟学西班牙语的体验质量截然不同：前者通常会导致不安、焦虑和疲惫，而后者则会帮助我们提升技能、实现目标，并提升自我。

浏览网页可以是一种放松方式，我们可以在星巴克排队等候时用它来消磨时间，但这不应是我们使用电子设备的主要方式。我们解锁手机需要有明确的目的，比如为了学习、交流、玩游戏等，越是如此，越有可能带来心流。减少使用量，并提高使用体验的质量，将会使我们与电子设备之间建立良性关系，使其真正促进我们的心流体验。

当我们实际参与某项活动或任务时，提高电子设备的使用体验质量可以增强体验，但这无法改变一个事实：我们的"时间碎片"感依旧会与日俱增。在现实生活中，我们的注意力和时间已被干扰因素（主要是数字）分割成无数碎片（就像五彩纸屑一样），这一事实无法通过简单调整而修复。英国作家和记者奥利弗·伯克曼在其著作《四千周》中，为我们提供了一个全新的视角看待干扰：试图消除所有干扰几乎是天方夜谭，或许更为适用的方式是，改善我们与干扰的关系（Burkeman 2021）。在2024年的一期由《大西洋月刊》记者兼作家德里克·汤普森主持的"简明英语"播客节目中，伯克曼讨论了试图深度专注并避免情境切换的挑战：

> 我认为这些问题背后，还有一个更微妙的问题——你越

是带着一个非常清晰的概念，计划你的一天要怎样度过，什么时间做什么事，接下来三小时做什么，以及如果被打断或偏离了计划会有什么问题，你越是会把这一切带入日常生活，那么当你的计划被打乱时情况就越糟糕。

他建议我们改变对干扰的态度，而不是将其视为敌人，认为它彻底破坏了我们的一天。假如你是居家办公，正试图专注于某项工作，孩子突然闯进你的房间，要和你分享他今天在学校里的见闻，你难免会心生烦躁。

杜宾（2018）的博士研究关注人们在工作中的心流体验，受访者一致表示，他们对意料之外的打扰感到甚是烦恼。然而依照伯克曼的观点，并非所有干扰都要一视同仁地避免，如果我们过于执着，可能会错过生活中一些自然、美好的时刻，比如和孩子交流当天的学习生活。既然干扰是生活的一部分，一个更可持续的策略或许是，在它出现时对其进行评估，必要时接纳某些干扰的发生，全神贯注地对待它，然后再回到我们的工作中。某些时候，如果我们愿意以开放的态度看待干扰，它本身可能就是快乐和心流的源泉。汤普森的播客节目还引用了 C. S. 刘易斯的一段话："伟大的境界莫过于不再将所有不愉快视为自己'真实'生

活的干扰。事实上，那些被我们称作干扰的时刻，恰是上帝日复一日赐予我们的真实人生。"（Thompson 2024）

心流与人工智能

迄今，我们在物理世界和数字世界的体验依旧清晰可辨。然而，随着人工智能、虚拟现实和增强现实技术的指数级进步，人类体验的本质可能发生根本性的变化，物理世界和数字世界将融合为某个全新的世界。对这些技术的潜能，我们只触及冰山一角。人工智能领域目前比较受欢迎的平台是 ChatGPT，这是一个搭载大语言模型的聊天机器人，能够针对任何提示语提供详细、即时的回应。它可以不到十秒就为你写一篇文章，或做一份旅行计划。它让许多曾需大量技能的任务完全不再有挑战。随着人工智能技术的发展，其能力将远远超过人脑，造成生存恐惧，我们大多数工作将可能变得毫无意义。最终，人类可能失去对人工智能的控制。如何正确驾驭人工智能的力量为善，这将是我们这个时代的一个明确目标。人类与人工智能之间的交互，也将深刻地决定在不远的将来我们会拥有何种心流体验。有效使用人工智能将需要一整套全新的技能，人们若能顺应人工智能时代的需求，发展这些技能，将能够更有效地工作，表现更出色。例如，当前人工智能客服被用于处理各种重复性日常任务，聊天机器人已能回复客户的问询，回应简单明确的问题。

在理想情况下，这将解放我们的时间，让我们能够从事更复杂的工作，从而更有可能找到心流，并收获更多创造力与活力。另一个例子是，人工智能可以筛选成千上万份简历，从而让招聘人员有更多时间专注于更细节的工作，为某个岗位找到最佳人选。可能短期内存在的一个问题是，人们在使用人工智能执行任务时缺乏掌控感，而掌控感是心流的一个核心特征，这就可能阻碍心流的发生。例如，当我们对照食谱制作饼干时，可以完全掌控将多少面粉、糖和黄油混合在一起。当我们绘画时，也能够精准掌控每一个笔触的色彩和方向。然而，在使用人工智能工具时，我们会逐渐放弃对任务的掌控，由它们更高效也更有效地执行任务，这也是其魅力所在。由此可以预见，随着年复一年的技术进步，我们自然而然会放弃更多对工作任务的掌控，转而依赖人工智能的支持。如果我们允许人工智能事无巨细地掌管我们的生活，那么极端情况下，我们将无法控制自己的日常生活，甚至可能无法控制我们的意识。例如，人工智能有能力创造数字孪生体，即"存在于物理现实中的某物的数字化身"（Cotriss 2022）。

加拿大康考迪亚大学心理学助理教授乔丹·理查德·舍恩赫尔曾说：

> 理想情况下，数字孪生体作为你的复制品，其所做的决策将会与你在相同情境下做的决策完全相同。虽然我们可能倾向于认为自己是特殊的，是独一无二的，但只要人工智能拥有足够的信息，它就可以对我们的个性、社交行为和购买决策做出许多推测。

对此，我们可能会惊叹"哇"，也可能惊呼"哎呀"。

未来世界，人人都将拥有自己的数字孪生体，代替我们进行思考、生成创意、提问和做决策，这将从根本上改变人类的体验，并大大削弱我们的心灵获得心流的能力。未来数十年里，随着我们适应了人工智能时代，知道何时何地以及如何利用人工智能工具为我们带来助益，我们将有机会拥有更丰盛的心流体验。然而，如果对这些工具管理不当，我们将削弱甚至可能彻底放弃丰富的人类体验——那些绞尽脑汁才会产生的伟大思想，那些向他人学习才会收获的联结感和智慧，转而选择那些我们认为可为我们代劳的工具。人工智能可以提供一个目的地，但生命与心流的意义在于体验混乱且复杂的旅程。

未来的人类体验将在三个领域发生：物理世界、数字世界，以及物理-数字混合世界。自二三十万年前首个智人（现代人类）进化出来，直至 21 世纪，心流都是在物理世界当中发生的，我们大脑的进化是为了在物理世界中更好地生存和繁衍。如今，很多人大部分清醒的时间都活在数字世界里，然而人类在数字世界里的经验仅有二十年。难怪人类的焦虑水平达到前所未有的高度，尤其是青少年群体。人类体验在短短二十年发生了根本改变，我们却期望自己能够从容应对，若是我们放大格局，从一个更宏观的视角来看，就不难意识到，这实则是一项不可能完成的任务。米哈里的首部著作名为《超越无聊与焦虑：在工作与玩耍中体验心流》，意思是说，当技能与挑战达到平衡，我们就能够超越无聊，并避免焦虑，从而获得最优体验。

数字世界似乎已彻底消除了人类经验中的无聊感，我们的心灵随时可被某件事占据，不再有机会内省。然而，我们试图消除无聊所换来的却是与日俱增的焦虑，因为我们尚未发展出相应的认知、情感和心理技能，以应对数字世界的复杂人际关系和政治挑战。心流的未来取决于投入资源来训练心灵，从而帮助人们（尤其是更易受影响的年轻人）以更健康的方式参与数字世界。

此外，为了在数字世界安身立命，我们必须在内心树立准则——既要明晰个人边界，避免过度消耗，也要主动选择参与那些能滋养灵魂的活动。

过度心流：减少可能的数字心流成瘾与孤独感

在考虑心流的未来时，我们不能假设其本质上就是积极的存在（见表5-1）。米哈里说："像其他形式的能量一样，不论是火还是核裂变，心流也是一把双刃剑，可能带来积极结果，也可能造成破坏性影响。"考虑到人在心流中会完全沉浸于当前任务，以至于失去自我意识，我们有理由推测，对这种沉浸体验的应用并非总是具有适应性（Zimanyi and Schüler 2021）。例如，我们在高中时可能会玩数小时电子游戏，导致家庭作业拖延，无法获得充足的睡眠，第二天的学习也会受到影响。因此，我们在玩电子游戏时所感受到的内在乐趣是以牺牲其他重要目标为代价的。在工作环境中，一位经理可能在主持会议时进入心流状态，过度专注于他正分享的内容，以至于忽略了其他人的参与，这阻碍了他人与之一起体验心流。正如米哈里所说："如果一个人太擅长掌控一项活动，沉浸于其中的愉悦体验，以至于无法注意到任何其他事，那么他就失去了最终的掌控权，即决定自己意识内容的自由。因此，令人愉悦的心流活动也会具有潜在的副作用。"

表 5-1　心流特征的副作用

心流的特征	心流特征的副作用
失去自我反思	忽视（他人）对未来的目标和价值观
专注于手头任务	注意力狭窄，排除额外信息
尽在掌握，没有焦虑	对自己的能力过度自信，不切实际的乐观
时间感扭曲	忽略重要的时间信息

资料来源：Zimanyi and Schüler (2021) and Schüler (2012)。

心流体验可能令人陶醉其中，导致成瘾行为。根据《国际疾病分类》（ICD-10，世界卫生组织 1994，引自 Schüler 2021）的定义，成瘾指的是"对特定个体而言，某种物质的使用被赋予的优先级远高于其他曾经更具价值的行为"。当我们体验到心流时，我们往往会寻求一次又一次地复制该体验，这可能导致成瘾倾向。

心流与成瘾行为在三个领域中存在联系：电子游戏、锻炼和上网。2008 年，撒切尔及其同事研究了心流状态与问题性互联网使用之间的关系，后者被定义为"给个体生活造成心理、社会、学习或工作困难的互联网使用"（Beard and Wolf 2001, p.

378)。他们发现，参与者体验心流的强度越大，其问题性互联网使用就越严重。过去 17 年里，互联网变得更为复杂，提供了更多网站、视频、博客、论坛和其他参与途径。尤其是随着物理世界和数字世界的进一步交融，过度心流的可能性只会更为普遍。例如，2024 年，苹果公司发布了首版苹果 Vision Pro（见图 5-2），称其可以"将数字内容与你的物理空间无缝融合"。

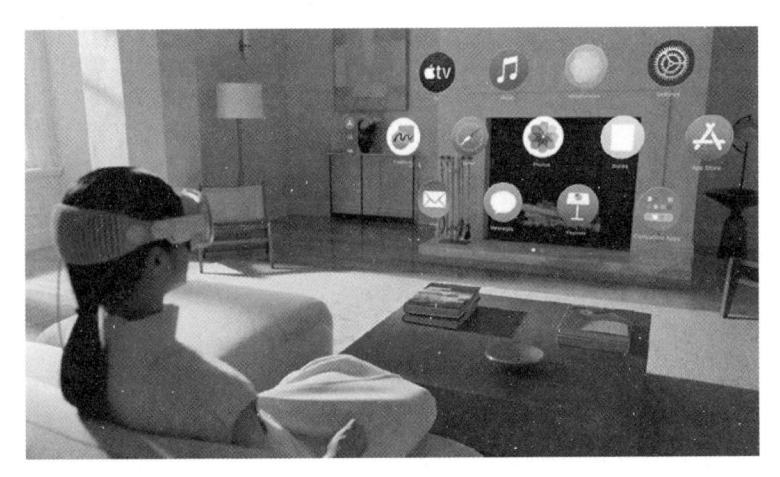

图 5-2　苹果 Vision Pro

像图 5-2 所描绘的这种头戴式设备，可能不久就会大规模走进我们的生活，这将从根本上改变我们与物理世界的关系，继而改变我们与他人之间的关系。即便技术上我们仍可以透过该设备看到我们的物理世界，但这将在我们与他人的互动之间筑起一道额外的屏障，并增加我们与数字世界的互动频率和强度，很可能导致未来的心流越发成为个体体验和数字驱动体验。

心流的未来：在数字和物理世界交互中找寻平衡

2024年2月，德里克·汤普森为《大西洋月刊》撰写了一篇文章，题为《为什么美国人突然停止线下社交》。他在文中分享了来自《美国人时间使用调查》的一项令人震惊的数据：2003—2022年，美国成年人面对面社交活动减少30%，在青少年当中这一数据的下降幅度更大（达到50%）。当然，新冠疫情大流行带来的影响不容忽视，但该数据也显示，这一趋势长久以来都存在，与互联网的崛起、电子设备走进千家万户密切相关。特别是青少年人群，线上社交互动已大量取代了面对面交流。随着数字体验日趋普遍，创造更多沉浸式体验，绝大多数人会到数字世界中寻求获得心流，而不是在物理世界中发现心流。

如果真的如此，那么集体心流体验（如第二章所述）也会急剧减少，这将对我们的心理健康造成持久的负面影响。2023年，盖洛普报告称，有29%的美国成年人一生中至少会有一次被诊断出患有抑郁症，这一数据相较于2015年高出近10%（Witters

2023)。有一项著名的哈佛大学研究,持续追踪了 724 名男性的生活长达 75 年,发现持续幸福的最关键因素是高质量的人际关系。该研究项目主任、精神病学家罗伯特·瓦尔丁格博士说:"从这项研究的数万页资料中可以得出一个结论,即良好的人际关系使我们更幸福、更健康。"(Oppong 2019)

米哈里的研究也发现:"与独处时相比,人们在有他人在场时会感到更快乐,意识更清醒,心情也更欢快。不论是在流水线上工作,还是在家看电视,这种情况都是如此。"那么从心流的角度出发,问题就是:"我们若是花更多时间在数字世界中独处,又如何建立、培养和维持高质量的社会关系呢?"可能对此最显而易见的答案就是:有意识地腾出时间在现实世界中进行社交,然而事实并没有那么简单。随着元宇宙的持续发展,数字世界只会变得越来越便捷和令人上瘾。脸书创始人马克·扎克伯格对元宇宙的未来深信不疑,以至于他将公司更名为 Meta("元")。该公司致力于深耕元宇宙中的社交联系,打出两个新闻头条:

1. 我们相信未来人类可以在元宇宙创造更好的联结。
2. 元宇宙提供全新的联结方式和新体验分享方式。

那么,元宇宙究竟是什么呢?根据科斯的定义,"元宇宙指的是一个沉浸式且持久存在的三维虚拟领域,它与众多用户共享,跨越多种数字平台并与物理世界相融合。在这个空间里,人们可以实时地进行购物、工作、娱乐和社交互动"(Koss 2022)。因此,这与开网络会议有根本性的不同。网络会议只是用二维的小视窗来展现我们在物理空间中的样子,而在元宇宙中,我们都将有一个数字人形象,并共享一个三维数字空间,比如,和他人坐在同一张桌子旁,真实复刻面对面开会的体验。

这类数字环境可能会重新引入物理世界中的一些元素,一定程度上复制我们在物理世界中的互动,从而增加集体心流体验的发生概率。比如,我们可能重回三维空间,与他人进行更协同的实时对话,不必担心因屏幕分框而带来的常见卡顿和中断问题。这将更可能创造集体心流的一些特征,比如认真倾听,熟悉彼此的风格和习惯,全然专注于彼此,并沉浸于同一个空间,从而实现自我融合。

因此,与我们当前的二维数字环境相比,人工智能和元宇宙技术的进步将更有效地促进集体心流的发生,只是人们也心存担忧,如果这些技术过度发展,人们可以随时轻而易举地访问共享数字空间,那么还会有人需要在现实的物理空间里与他人相处吗?

2023年,克伦克等人进行了一项研究,他们考察了3000名大学生的三类社交互动:面对面、通过电脑界面,以及两者混合形式。结果发现，面对面交流和混合式交流带来较高的幸福感水平，而通过电脑界面交流则与较低的幸福感水平相关。在与他人面对面的互动中，我们更容易察觉到非言语线索和肢体语言，保持眼神交流，更好地理解他人话语背后的意图，并解决潜在的分歧。即使是身体接触行为，也能促进更高质量的互动。芝加哥大学和哈佛大学的施罗德等人（2019）研究发现，谈判前简单的握手举动，能够促成合作行为的发生，达成更高水平的共同成果，在利益权衡问题上更加透明，并使谈判者之间更可能坦诚相待。因此，集体心流的未来将很大程度上取决于两大因素：第一，技术进步能否在数字环境中真实复制人们在现实世界里面对面的高质量互动，这一点基本不在我们个人控制的范围内（至少对大多数人而言是这样）；第二，我们更能掌控的或许是，有意地创造时间和机会，在现实的物理世界里进行面对面互动。

现代社会中，许多面对面互动都发生在所谓的"第三空间"，这一社交环境不同于我们生活中的两大主要社交空间——家（第一空间）和职场（第二空间）。第三空间是我们心之所向的一些地方，我们去那里不是为了追求提高效率或赚钱等外在目的。在1989年出版的《绝好的地方》（该书比《心流》早一年出版）一书中，作者雷·奥尔登堡首次提出"第三空间"这一概念，并探讨了此类场所对社会高效运转的重要性——唯有依托第三空间，文明礼仪、社会参与、群体认同与人类创新方能蓬勃发展。第三空间的例子有很多，包括咖啡馆、酒吧、购物中心、餐厅、教堂、社区中心、健身房、公园、剧院等，总之，就是一些可以让你放下目的心、找到简单存在感的地方，在其中，对话是一个固有体验元素。奥尔登堡一言以蔽之："你的第三空间就是你可以在公共场所自在放松的地方。"

星巴克前首席执行官霍华德·舒尔茨（2008）这样描述无处不在的星巴克咖啡馆："我们是数百万顾客生活中的第三空间。我们每天用咖啡将世界各地的人联结在一起，增进对话与归属感。"集体心流在第三空间得以繁荣，人们在这里更愿意展现真我，敞开心扉，从本心出发展开对话。

自奥尔登堡的理念进入公众视野以来，研究者们便顺理成章地开始探索虚拟第三空间的可能性。奥尔登堡坚持认为第三空间应当是人们面对面的社交互动之所，而媒体理论家奥卢克奎尔·罗莎妮·斯通（1991）曾这样定义在线社区："在这些社交空间中，人们仍会碰面，但'碰'与'面'已有了全新的定义。"

这些话是斯通在 1.0 版本的互联网时代写下的，那时的线上社区主要由消息论坛组成，志趣相投的人会聚集在论坛里，以书面形式碰撞想法、分享创意、探讨问题。我们有理由预测，未来的数字化第三空间将会包含物理世界第三空间的虚拟版（例如，据说星巴克正在元宇宙中开发一个虚拟第三空间）。为了使集体心流在未来蓬勃发展，虚拟第三空间必须大幅改进，并且仅作为物理世界第三空间的补充，而不是替代。

最优体验的最优未来

在 20 世纪 70 年代最初的心流研究中，研究参与者（如外科医生、舞者、攀岩者、画家）所报告的心流活动领域皆是与物理世界密不可分的。而在当今时代，我们主要通过二维屏幕参与活动、获取资讯和进行社交互动。本章我们重点讨论了当今时代向数字世界的转变，同时我们从心流的视角出发，展望了未来可能由人工智能和元宇宙驱动的数字世界，及其对人类体验的潜在影响。尽管数字世界为我们追寻心流之路平添了更多荆棘与陷阱，但它也可能为物理世界提供有益的补充，为我们带来越来越多创造心流的新机遇。今天，无休止的外部刺激洪流几乎彻底消除了我们独自冥思的体验，导致精神熵增，正如米哈里所说：

与我们所设想的相反,心灵的正常状态是混乱的。若是未经训练,也没有外部世界中某个需要关注的对象,普通人集中注意力几分钟都很困难……心灵天生对信息如饥似渴,人们随时准备用手头上的任何信息来填喂心灵,以此转移注意力,避免关注内在和陷入负面情绪。

我们的手机每天24小时源源不断地为我们提供资讯,它们霸占我们的注意力,刺激我们的物欲,使我们无暇关照自己内心的思想和感受。这种数字刺激还会提供即时满足,导致潜在的成瘾行为。来自外界的刺激使我们应接不暇,几乎再也体会不到何为无聊。表面上看,这似乎不是件坏事——几乎没有人会在无聊和投入之间选择前者,而且很多时候心流正是无聊的反面。然而这里有一个巨大的悖论,会对我们未来的心流体验质量产生重大影响:无聊体验反而可能会带来更高质量、更有意义的心流体验,使我们不仅能投入参与,还能更有创造力和满足感。

在一项研究无聊感的实验中,研究者将被试分为两组:让其中一组完成一项无聊的任务(将一碗豆子按颜色分类),而另一组则去完成一项更有趣的手工艺活动。结果发现,与先完成有趣任务的一组相比,先完成无聊任务的那一组在之后的创意生成活动中表现更出色（Park et al. 2019）。在另一项研究中（Gasper and Middlewood 2014），研究者让被试观看不同的视频片段，引发其不同的情绪体验，如无聊、放松或兴奋，然后，他们让这些被试联想各种与交通工具有关的词语，处于放松或兴奋状态的被试最常说的是"汽车"，而处于无聊状态的被试则可能说出更具创意的词语（例如，其中有位被试说出了"骆驼"）。

当我们创造一些安静的片刻，允许大脑浮想联翩，它往往会展望未来，帮助我们设定未来的个人目标，也就是研究者所谓的"自传式规划"（Baird et al. 2011）。无聊也让我们有时间评估我们当前的状况，更深入地思考我们可能想要做出的改变，从而全面提升我们的人生体验。在这一过程中，我们可能意识到自己的工作缺乏挑战性，或者我们没有充分与我们所在乎的人培养友谊。

然而，这并不意味着我们必须刻意寻求无聊体验，而是提醒我们，拥抱生活中的无聊时刻，别总是完全避免无聊。例如，当我们在咖啡店排队时，在人行横道等待过马路时，或是在等人时，不必总盯着手机。日常生活中不乏这样一些时刻，我们需要保持强大的自律，才能在这样的时刻出现时，不至于本能地掏出手机分散我们的注意力。

多产的知名英国小说家尼尔·盖曼曾对有志成为作家的人提出这样的建议：

灵感源于白日梦，源于漫无目的神游。遗憾的是，当今时代，我们真的很难感到无聊。我那 240 万推特粉丝随时可以带给我乐趣……真的很难感到无聊。我更擅长放下手机，去散个步，去试图找到一个让自己真正感到无聊的空间。于是，每当有人说"我想成为伟大的作家"时，我都会建议，"去感受无聊吧"。

因此，在当下与不远的未来，数字体验里将不断充斥着转瞬即逝的微心流体验，这些片刻尽管深度投入，但终究无意义，无法带来真正的满足和实际效益。若想拥有最终能带来自我蜕变的心流体验，或许关键在于允许无聊的时刻出现，因为正是在这些时刻，我们得以反思过去，构想未来，并最终开辟一条通往自我实现之路。米哈里说："一个人如果实现对心理能量的掌控，并有意识地将其投入自主选择的目标，那么他必将成长为一个更复杂的个体。通过拓展技能，追求更大挑战，他会成为一个臻于卓越的人。"米哈里在《超越无聊与焦虑：在工作与玩耍中体验心流》一书中提出，在无聊和焦虑这两种不愉快的情绪体验之间，有一个值得我们追寻的最优体验，那就是心流。也是自那时起，焦虑之人的占比急剧攀升，而数字世界则使我们可以随时立即远离无聊。

《我们为何无聊》一书的合著者、滑铁卢大学认知神经科学家詹姆斯·丹克特提醒我们，条件反射式地查看手机可能形成一个恶性循环，因为这一体验缺乏意义，预示着另一波无聊即将到来（Danckert 2023）。他建议我们更加意识到无聊传递给我们的信号：如何更有意义地利用我们的时间？我们的核心价值观、核心目标或优先事项是什么？

而今，我们可获得的心流体验不胜枚举，好像走进一家大型超市，里面陈列着25种不同品牌的花生酱、20种果酱、40种面包，让人无所适从。正如心理学家巴里·施瓦茨在其著作《选择的悖论》（2016）一书中告诉我们，选择过多会导致更大的焦虑和挫败感。因此，在考虑未来从事何种活动来获得心流体验时，我们需要考虑活动是否具有真正的意义，是否具有挑战性，并带来自我提升，以及是否让我们有机会感到无聊。依据这些先决条件，我们可以花时间积极主动地用心选择我们的心流活动，而不是对数字世界提供的任何虚妄刺激做出简单的反应。

心流 2.0

第三部分
心流属于所有人

第六章
心流、意义与人类未来

米哈里教授是一位著作等身的学术导师，也是仁爱与悲悯的典范。多年来，我们有幸得到他的言传身教，在与之交流互动的过程中，我们收获了许多深刻的思想洞见，包括个人的和专业上的。本章旨在分享这些思想洞见，希望这些精华内容能够激励你去阅读他的更多原著，这些作品呈现了他对诸多幸福话题的思考，包括如何过上美好生活，如何追求好工作，以及如何实现人类繁荣、幸福与积极功能。希望你通过践行他的思想，丰富自己的现实生活。

米哈里希望传之后世的积极心理学

我们会与米哈里聊上好几个小时,探讨积极心理学如何有朝一日能够帮助转变世界的关注点,从一味关注人类最差的一面及其对地球的破坏,转向一个更有希望和平衡的视角,这个视角同样注重和欣赏优势(不只是弱点)、心理资本(不只是缺陷)、人类繁荣(而不是死亡、毁灭与绝望),总而言之,关注什么使人生值得一活。他有一个深刻的见解,希望通过唐纳森传达给有志于学习积极心理学专业的学生,以及想加入积极心理学社区的各界专业人士:他们若能加入我们,学习和探索积极心理学的科学与实践,他们自己及所爱之人的生活,将很可能得到极大的丰富。米哈里坚信,我们专注于何处,我们将大部分时间、精力投入何处,决定了我们生活的质量。正如米哈里所说:

图 6-1 米哈里在 89 岁生日时受到谷歌表彰

注意力就像能量一样，没有它就无法完成任何工作，而在工作过程中它会被消耗。我们使用这种能量的方式将塑造我们自己。我们的记忆、思想和感受都受到我们对这一能量使用方式的影响。我们可以掌控这种能量，使其为我们所用，因此，注意力是我们改善体验质量最重要的一个工具。

他非常鼓励我们将宝贵的注意力投到对积极心理科学的理解与应用上。然而，他经常对一件事感到忧虑：一些人学习了积极心理学理论和理念，但是缺乏自律性和严谨性，不能基于科学证据来开展实践和应用。也就是说，他们对积极心理学话题的热情可能冲昏了他们的头脑。正因如此，米哈里在自己的积极心理学项目和课程中非常注重教授科学研究、评估方法及循证干预相关的知识，并参考发表于顶尖同行评议期刊的知识，以这些严谨而有价值的知识来指导我们的研究和实践工作。我们与珍妮·中村教授共同开发的研究型博士和硕士项目，深深植根于这些价值理念。如今，我们的许多校友已成为积极心理学科学文献的主要贡献者，并成为积极心理学科学研究与循证实践的领导者。

米哈里的一个夙愿是，将志同道合的积极心理学学者和实践者凝聚在一起，形成一个共同体，这是他希望留给后世的一个宝贵遗产。在这一共同体中，大家秉持共同的严格标准与价值理念。其中一个价值观就是"他人"。他高度赞同积极心理学先驱克里斯托弗·彼得森提出的观点："他人很重要。"（Donaldson & Donaldson 2018）事实上，他认为，关心自身幸福、最优体验和积极功能固然重要，但这还不够，我们还需要学会在关爱自己的同时惠及他人：

> 当务之急是，要学会如何在享受自己日常生活的同时，不减少他人享受生活的机会。

他还意识到，仅凭一己之力无法构建起对后世影响深远的积极心理学科学与实践体系，这一学科领域需要后继有人。尽管领导力可能并非他的天赋优势或兴趣所在，他还是不遗余力地与同事们合作，激励他人开展积极心理学相关话题研究，发展关于人类繁荣的科学知识。很显然，他成功地发挥了领导力。唐纳森及其同事（2015）曾发表一篇文献综述，题为《幸福、卓越与最佳人类功能再探：检视积极心理学相关同行评议文献》，该文章后来被广泛引用。文章细致审视了过去15年与积极心理科学愿景相关的同行评议文献，结果显示，米哈里对于开创积极心理学科学领域的呼吁，得到了1300多篇同行评议积极心理学话题学术文献的明确响应，其中超过750篇文献包含对于积极心理学理论、原则和干预的实证检验。被研究最多的话题涉及学校、工作和生活总体领域中的幸福感和积极表现。其他受欢迎的话题包括品格优势、希望、感恩、心理韧性，以及成长。这些科学发现共同显示，积极心理科学已成为一个日益增长的心理学子领域，正采用心理学科学研究方法发展关于幸福、卓越与最佳人类功能的真知。

2023年，在此篇最初的综述发表近十年后，它被更新和扩展为《精神健康百科全书》（第3版）中的一个条目，描述了米哈里所开创的积极心理学领域的现状，并阐述了其中一些主要发现：

• 超过二十年的同行评议科学研究为积极心理学实践提供支持；

• PERMA+4架构为指导幸福感和积极功能的评估、发展和管理提供了实证基础；

• 因果证据支持积极心理干预总体有效，并在特定条件下效果良好；

• 积极心理科学与实践持续发展，并在全球各地的大学和专业协会中得到传授（Donaldson et al. 2023, p. 79）。

米哈里创建积极心理学学术共同体的创新构想已拓展至全球范围。基姆及其同事（2018）的开创性综述《积极心理学研究的国际发展图景：系统综述》显示，尽管积极心理学萌芽于美国，可是其科学研究已遍及世界各地，如今该领域的大多数学术贡献均由美国以外的学者和机构创造。

2007年，国际积极心理学协会（IPPA）成立，米哈里在其中发挥了关键作用。IPPA的使命是：

- 推动积极心理学的科学研究与道德应用；
- 促进全球及跨学科领域积极心理学研究者、教师、学生及实践者之间的合作；
- 将积极心理学研究成果与尽可能广泛的国际受众分享。

唐纳森非常荣幸地担任了2013年IPPA世界积极心理学大会主席，在加州洛杉矶，我与米哈里和珍妮·中村教授共同主持了此次大会，并在克莱蒙特学院联盟里开展了一系列活动。看到这一盛会来到他所在的加州和大学校园，米哈里倍感兴奋。他尤其感到高兴的是，我们的积极心理学研究生们能够有机会展示他们的研究成果，并与该领域的许多开创者和顶尖研究者见面互动。在2013年的世界积极心理学大会结束后，美国西部地区似乎对积极心理学相关讨论与会议有更大需求。IPPA的使命就是在世界各地的城市举办未来的全球大会。受到这一使命的感召，米哈里和唐纳森共同成立了西部积极心理学协会（WPPA），并在美国西部地区，主要是克莱蒙特学院联盟的校园里举办年度会议。我们的第八届 WPPA 大会（2024）在新墨西哥大学举办，第九届 WPPA 大会（2025）在加州大学萨克拉门托分校举办。

不只我们在美国西部地区开展社区建设工作，世界许多国家和地区也相继成立了积极心理学专业协会，并开设大学课程，设立了学位。看到自己的愿景成为现实，积极心理学共同体在全球范围内迅速发展，米哈里倍感欣慰，这比他的预期要快得多。如表 6-1 所示，随着专业协会、课程和学位在全球各地设立，形成了一个强大的共同体，那些最初对积极心理学的创新构想已成为现实。

表 6-1　各大陆积极心理学协会与学位课程示例

	协会	课程和学位
欧洲	欧洲积极心理学网络 德语区积极心理学协会 德国积极心理学研究学会 法国和法语区积极心理学协会 捷克积极心理学中心 希腊积极心理学协会 意大利积极心理学学会 波兰积极心理学协会 葡萄牙积极心理学研究与干预协会 西班牙积极心理学学会（SEPP） 瑞士积极心理学协会 土耳其积极心理学协会	奥斯陆夏季学校（挪威） 奥胡斯大学（丹麦） 特文特大学，马斯特里赫特大学（荷兰） 里斯本大学（葡萄牙） IE 大学（西班牙） 东伦敦大学，伦敦城市大学，格拉斯哥大学，米德尔塞克斯大学（英国） 伦敦大学，安格利亚鲁斯金大学，白金汉郡新大学（英国）

续表

	协会	课程和学位
亚洲	亚洲应用积极心理学中心 全球华人积极心理学协会 印度国家积极心理学协会 日本积极心理学协会 韩国非正式团体	黎巴嫩美国大学（黎巴嫩） 香港中文大学，香港树仁大学 耶路撒冷大学（以色列） 积极心理学学院（新加坡）
美洲	拉丁美洲积极心理学协会（拉丁美洲） 西部积极心理学协会 加拿大积极心理学协会 墨西哥和巴西非正式团体	智利积极心理学研究所 墨西哥伊比利亚美洲大学 千禧科技大学（墨西哥） 克莱蒙特研究生大学 宾夕法尼亚大学 犹他大学 哈佛大学 斯坦福大学 加州大学洛杉矶分校扩展课程 密歇根大学 凯斯西储大学 密苏里大学（美国）
大洋洲	新西兰积极心理学协会	悉尼大学 墨尔本大学 皇家墨尔本理工大学 南澳大利亚 TAFE 学院
非洲		西北大学（南非）
国际/全球		国际积极心理学协会

资料来源：Kim et al. (2018)/ 经《幸福国际期刊》授权转载。

米哈里显然激励了全世界数百万人将他们宝贵的注意力聚焦在积极心理学话题上，这些话题包括心流、最优体验、幸福感、巅峰表现、人类繁荣等等。他还帮助我们认识到科学的重要性，强调采用科学方法发展知识，并开发有效的循证积极心理干预。作为积极心理学的开创者和顶尖思想领航者之一，他为我们树立了榜样，展示了如何运用积极心理学成为一个有积极能量的领导者（Cameron 2021）；他向我们强调，要依据同行评议的积极心理科学研究发现来改善我们的日常生活、幸福、工作、教育和全球社会（Donaldson et al. 2020）；他帮助我和其他同事发展能够统领这一新科学知识领域的架构，如 PERMA+4 架构（Donaldson and Donaldson 2024；Donaldson et al. 2022, 2023, 2024；Martin and Donaldson 2024），并告诉我们如何设计应用和干预来整体改善我们的生活，并创造特定条件深度转变我们的生活（Donaldson et al. 2021, 2023）。

对积极心理学的批判

若是有人声称积极心理学毫无价值，或者认为积极心理学只是幸福学，不过是又多了一些愚蠢的积极思维和笑脸，米哈里总是愿意温和地与之探讨。马丁·塞利格曼同样如此。这两位积极心理学合作开创者总是很欢迎人们就这一崭新领域的可信度展开讨论和辩论。他们都认同，批评是科学进步的一个主要驱动力。塞利格曼教授表示自己"总是欢迎批评者而避开奉承者"（Seligman 2018, p. 266）。他们及该领域其他领导者都已针对一些主要批评提供了有力的反驳。然而，有些批评者未充分研究，提出的批判缺乏力度甚至毫无根据，尤其是当批评者基于错误的逻辑和草率的数据，对积极心理学提出一连串值得商榷或存在谬误的批评意见时，他们对此也表示了失望（Donaldson 2020; Gaffaney and Donaldson 2024; Seligman 2018, pp. 257-278）。

为了更深入地理解积极心理学的批判与质疑，唐纳森加入了一个国际研究团队，专注于开展相关话题研究，并发表了首篇系统性综述（Van Zyl et al. 2023）。该综述识别了117个独立的批判与质疑，我们将其分为21类，最终形成了六个主题（见图6-2）。

在一个后续项目中，唐纳森与原项目团队中的一位同事合作，为研究者提供了一系列建议，以评估这些批评和质疑的有效性（Gaffaney and Donaldson 2024）。我们做这样的努力，正

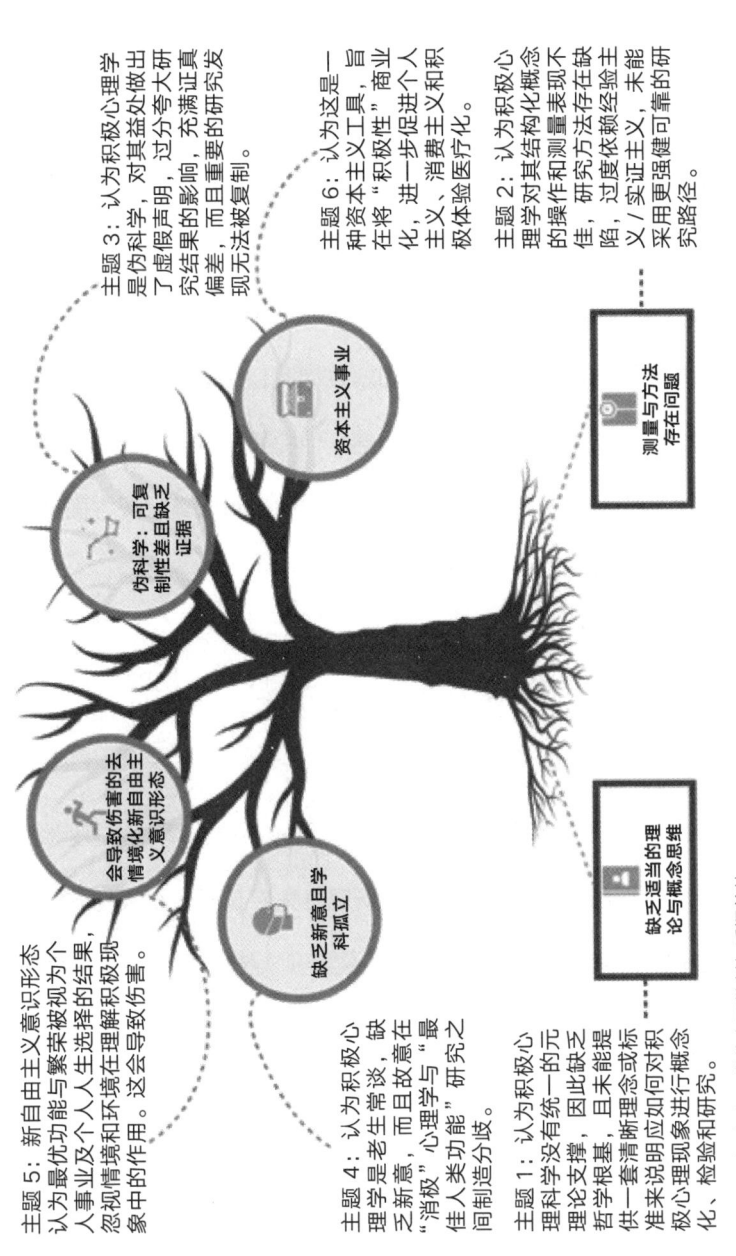

第六章 心流、意义与人类未来 | 147

主题 5：新自由主义意识形态
认为最优功能与繁荣被视为个人事业及个人人生选择的结果，忽视情境和环境在理解积极现象中的作用。这会导致伤害。

主题 3：认为积极心理学是伪科学，对其益处夸大做出了虚假声明，过分夸大研究结果的影响，充满证真偏差，而且重要的研究发现无法被复制。

主题 6：认为这是一种资本主义工具，旨在将"积极性"商业化，进一步促进个人主义、消费主义和积极体验医疗化。

主题 2：认为积极心理学对其结构化概念的操作和测量表现不佳，研究方法存在缺陷，过度依赖经验主义/实证主义，未能采用更强健可靠的研究路径。

伪科学：可复制性差且缺乏证据

会导致伤害的去情境化新自由主义意识形态

资本主义事业

测量与方法存在问题

缺乏新意且日学科孤立

缺乏适当的理论与概念思维

主题 4：认为积极心理学是老生常谈，缺乏新意，"心理学与"消极"研究之间制造分歧，而且故步自封，最佳人类功能"研究之间制造分歧。

主题 1：认为积极心理学没有统一的元理论支撑，因此缺乏理论根基、哲学根基，且未能提供一套清晰应如何对积极心理现象进行概念准来说明理论或标化、检验和研究。

图 6-2 对积极心理学的主要疑判与质疑总结

是受到米哈里精神的感召，遵循他的谆谆教诲：仔细审视证据，并从正反两方面平衡地看待每一个论点。我们的建议将以两个清单的形式呈现，一个面向研究者，另一个面向实践者。我们的目标是，既要考虑到围绕积极心理学过去的批评叙述，又要提供可能的解决方案来帮助塑造一个更乐观的未来叙述，以改善未来积极心理科学的研究与实践应用。这次我们无法与米哈里讨论这个项目，真的很遗憾。但我们相信，他会赞赏这一平衡的论证过程，并认同我们的结论：积极心理科学在改善人类状况方面会与时俱进，终将会有一个光明的未来。

如何活出心流人生

当米哈里开始研究后来广为人知的心流时，积极心理学这一领域尚不存在。他在克莱蒙特研究生大学长期深度合作的同事珍妮·中村博士，也是杜宾的另一位导师，对其作品多样性做了完美总结："尽管主题各异，但所有作品都体现出对人类心理机能的一以贯之的观察视角，这一视角源于他非凡的人生经历，及其对于心理科学之外的广泛知识涉猎，涵盖历史、哲学与艺术。"他出生于现今的克罗地亚，早年在欧洲成长，后随父亲搬去意大利，并游历瑞士，直至 22 岁到美国追求心理学事业。如此丰富的人生阅历与他自我驱动的心性可谓完美互补。

一次偶然的经历为他开启了通往新世界的大门。他在瑞士参加了一个关于不明飞行物目击事件的讲座，在那里，他听到卡尔·荣格谈论二战后欧洲人的心理创伤。荣格说，人们看到的天空中的飞碟，其实是创伤带来的心理投射，这激发了他对心理学的浓厚兴趣。他对物理世界、知识世界和精神世界的事物都充满了强烈的好奇心，这塑造了他毕生秉持的研究范式，使其能够发现人类体验中的独特模式。

在最初的心流研究中，他的访谈对象都是各行各业的专家，包括画家、舞蹈家、外科医生、攀岩家、科学家和国际象棋手等，表面上看，这些人专业背景各不相同，然而他却从他们的体验中提炼出了统一的心流要素。米哈里年轻时是攀岩爱好者，这项运动是他的一个主要心流来源；而在晚年时期，他的心流体验更多是对知识的求索。

杜宾与米哈里建立了亲密的师徒关系，总是被米哈里对求知体验的开放态度震撼。他会认真倾听每位学生的观点，仔细考虑他们说的话，并给出能够展开对话的回应。当杜宾提出一个关于心流的研究想法，米哈里会专注而细致地倾听，这种体验于杜宾，堪比一个年轻音乐家得到了泰勒·斯威夫特对自己创作的倾听和指点。

除了开放性，他身上另一个始终让杜宾印象深刻的品质是他的无我境界。有一次，杜宾问他如何看待总统、总裁，以及超级碗冠军教练都在应用他的学说，他的回答是："心流属于我们所有人。"似乎他是一位思想考古学家，挖掘人类体验并发现了这一统合性的最优功能态，将其呈现给世界。他从未表现得好像自己是心流的所有者，或者他的名字应该总是与这些学说挂钩。他是一个虚怀若谷的人。他的谦逊源于对体验与思想本身的热爱，不论是天生兴趣使然，还是因收获快乐与意义而持续。他以其临在向我们展示了何为追求内在志趣的自得其乐的生活，以及这种存在方式会给身边人产生何种深远影响。在跟随他学习之初，杜宾主要钦佩他的学术成就，而最终杜宾更景仰他的崇高品格、仁厚温润与旷达的精神气象。

我们在谈及心流的未来时，他对各种数字化前沿领域都真心感兴趣，认为这些可能增进也可能阻碍心流的前沿技术值得关注，但同时他也表示，希望我们不要忽视人类体验中那些更平凡的时刻，其间可能蕴含着意义。他在《创造力》一书中分享了这样的建议：

尝试每天都对某件事感到惊喜，不论是你所看到的、听到的，还是读到的。停下脚步，观察停在路边的某辆特别的车，品尝食堂菜单上的一道新菜，用心倾听办公室同事说的话。这些体验与其他类似的体验有何不同？其本质是什么？不要自以为你已洞悉了它们的本质，也不要认为即便知道它们的意义也无关紧要。去体验这件事本身，而不是思考它是什么。对世界向你传递的信息保持开放。人生不过是一连串的体验——你畅游其中的广度与深度，将决定你生命的丰富程度。

他认为，实现美好生活的方式在于掌控意识的内容，并充分投入于有挑战的体验。这一观点打破了许多关于幸福的刻板印象。如果我让你"想象一个幸福的人"，你脑海中的画面可能是一个人在微笑或大笑。在人们的刻板印象中，幸福的人通常想法积极、悠然自得、无忧无虑。然而，真正有价值的生命体验通常看起来并非如此。幸福也可能是一个人的沉思，是网球运动员发球时的低吼，是谈笑间的思想激荡，抑或是小提琴家独奏时的闭目沉醉。

幸福，是千百年来贯穿人类思想求索的元命题，米哈里的著作为这一人类终极命题的长卷续写了新篇章。《心流》第一章题为"心流，快乐的源泉"，开篇他这样写道："2300年前，亚里士多德曾说，世人不论男女，皆以追求幸福为人生至高目标。诚然，追寻幸福本身就是目标，而其余一切目标——健康、美貌、财富、权力，之所以被赋予价值，无非也是因为我们期许它们最终能使我们幸福。"

而今，无孔不入的社交媒体无形中使人们越来越多地追逐物欲，以期获得幸福。社交媒体制造出一种假象：每天都有人在享受更愉快的假期（Instagram）、赚更多的钱、更快地晋升（领英），或是与一群亲密的朋友尽享欢乐生活（TikTok）。我们比以往任何时候都能得到更多的科学知识，知道什么真正让我们幸福，然而由社交媒体塑造的文化却很大程度上驱使我们忽视这些研究发现。如果我们能够自主掌控意识的内容，就无须疯狂购物或执迷于追踪他人的生活。正因如此，本书作者之一将以下引文放在了自己家里的办公桌前——这是《心流》一书中他最喜爱的一句话，它时刻提醒着我们：

> 我们生命中最美好的时刻，并非那些被动接受、松弛安逸的时光……最美好的时刻往往发生在一个人自愿挑战身心

潜能的极致,去完成某项艰难而有价值的事情的过程中。

倘若你向米哈里询问获得心流的方法,他会告诉你,并不存在一个随手启动的"心流开关",我们只能通过自律,加之创造合适的环境条件来增加其发生的可能性。与生活中所有值得的事情一样——不论是为人父母,维持幸福婚姻,还是保持基业长青,你都需要在小事上日积月累,持之以恒,而每个人实现它们的方式都是独一无二的。尽管我们可以在某些活动中获得单一的心流体验,米哈里希望人们以一个更全面的方式获得心流——事实上,我们无须"找到"它;你只需以开放心态接纳生活所给予的一切,追求体验本身的价值,全情投入于眼前之事,不屈从于自我力量的诱惑。倘若我们以这样的心态去构建日常生活体验,那么心流会"找到"我们。正如阿尔伯特·爱因斯坦所说:"自我 =1/ 知识。学识越深,自我越谦卑;学识越浅,自我越膨胀。"

若采取这种心态,日常生活中的平凡瞬间皆会被注入活力——不论是与咖啡师聊天、遛狗,还是逛超市,它们都可以成为愉快生活的一部分。这就是米哈里的生活态度,他以朴素的方式、崇高的品格与深刻的思想,激励了数百万人改变他们的生活态度。尽管随着技术持续进步,人类的心流活动将发生改变,但创造心流人生的初心与底层规律不会动摇，米哈里关于心流的创见将历久弥新。归根结底，相比于追求某种带来心流体验的特定活动，心流人生更关乎塑造一系列性格与价值观，如好奇心、对体验的开放性、慷慨、自律、意志力、感恩等。例如，当我们与他人互动时，若能以善意和尊重相待，深入倾听他人的想法和故事，提出问题展开对话，并最终深化彼此的联结，心流就会随之而来。为了成功适应未来的数字化时代，我们亟须学习新的技能以应对一系列崭新挑战。而在学习新技能的过程中，很多人都容易畏缩。新的技术模式将从根本上改变我们的意识内容和关注方式，因此掌握这些新技能的过程，将不免遇到挫败。然而，如果我们以米哈里的创见为灵感，以他的人生为榜样，我们就有可能拓宽最优体验的可能性，在技艺的淬炼中臻于至善。

结论

故人虽逝，夙愿得偿，米哈里已完整传承了他的学术衣钵。他希望我们所有人都能继续践行他的理念，改善我们的生活，并有能力为他人的人生创造积极影响。随着同行评议积极心理科学文献不断积累与演进，我们对于人类繁荣、最优体验、幸福，以及生命价值等话题将有更深入的理解，这一切得益于他早先提出的伟大构想：行为科学研究需采取视角更平衡的研究方式。秉持这一理念，他培养了数百名研究生和新晋学者，并将大家凝聚在一起，组成一个全球性的积极心理学家共同体。这一共同体旨在继续推进他所倡导的视角更为平衡的研究计划（例如，既研究优势与机遇，也研究缺陷与问题），并共同应对各类针对积极心理学的非议与质疑 (Gaffaney and Donaldson 2024)。

　　本章至此，需要指出的是，米哈里对积极心理科学及人类未来怀有一个更宏大的愿景，他发表了一篇深刻的文章，题为《积极心理学与积极世界观：人类未来的新希望》，他在其中分享了自己的愿景。尽管全球社会面临着巨大挑战，我们远见卓识的领航者和学术伙伴始终心怀希望。他认为，积极心理科学终将大规模发展，并为人类提供一个全新的集体自我形象。他从历史和人类学视角对人类自我形象的演变做了深刻分析，并得出令人信服的结论——积极心理科学正在无形中悄然创造改变，正为我们重新诠释生而为人的意义：

　　　　我认为，我们即将改变对人类状况的看法，从一种阴郁的悲观转变为一种更积极的视角，聚焦人类共有的美好品质,并提供理论与实践过程,去滋养、培育和增进我们自身个性及行为中的积极因素。这种改变,将会在生活的诸多领域带来回报,不论是经济还是艺术,政治还是宗教。

你可能会进一步好奇,积极心理科学如何提供一个更积极而富有成效的人类形象,以推动人性进步?米哈里认为,是时候突破早期心理学先驱们遗留下的某些关于人类形象的流行观点了。比如实验室实验[威廉·冯特(1832—1920)]、行为主义与学习理论[约翰·B.沃森(1878—1958)]、精神分析[西格蒙德·弗洛伊德(1856—1939)]、认知主义[让·皮亚杰(1950—2000)]等等,他认为现在是时候对这些传统范式做出整合与升级了:

• 运用心理学已发展出的知识与技术,同时考虑到人类意识是一个新现象,具有其独特的组织结构和可能性,因此需要非还原论[1]的解释来理解人类行为;

• 意识到未来取决于我们当下所做的决定,因此心理学无法

---

[1] 这一哲学术语意指与还原论相对的一种研究范式。还原论主张复杂的系统、现象或实体可以通过将其分解为更简单或更基本的部分来理解和解释,而非还原论则强调不能简单地把复杂系统或现象归结为其组成部分的特性,认为某些整体具有不可还原为其组成部分之和的特性,强调整体的独特性、不可分割性以及各部分之间相互作用的复杂性,不能仅仅依靠对部分的研究来完全理解整体。——译者注

对人类行为的后果保持中立；

• 认真对待人类历史中的最优成果，例如，被编入经典古籍的先人经验与智慧（Csikszentmihalyi 2020, p. 263）。

他经常告诉我们，积极心理学在其最初的 25 年里取得的成果超乎他的想象，然而他并不满足于此，希望不遗余力地持续塑造它的未来。米哈里也正是这样做的，以实际行动奔赴愿景，直至能力所及的最后一刻。然而即便到了力所不逮的时候，他仍对积极心理学的发展前景及最终呈现满怀热忱。好吧，我亲爱的朋友们，现在故人已去，未来的一切都将取决于我们。他为我们留下了一个美好的礼物，我们可以继续用它来帮助自己更好地发挥最优功能，并尽可能为他人及社会创造积极影响。那么，让我们现在就行动起来，开始回答他接下来的一系列重要研究问题吧。

我们对自己的人生负责，所以：

我们要如何学会过上更快乐、更有意义的生活？

我们是自己未来的塑造者，所以：

我们应该引导人类进化朝着哪个方向发展？

我们是这个世界的守护者，所以：

我们如何实现在地球上的可持续发展与和谐？

关于作者

斯图尔特·唐纳森博士

唐纳森是克莱蒙特研究生大学杰出教授，同时也是克莱蒙特评估中心和评估师学院执行主任。他致力于通过积极心理学研究、评估和教育来改善人们的生活。他是克莱蒙特研究生大学首个积极心理学博士项目和研究硕士（以研究为中心的硕士）项目联合创始人，指导了许多积极心理学和评估科学专业的研究生。

唐纳森是国际积极心理学协会 (IPPA) 顾问委员会成员，IPPA 学生分会 (SIPPA) 教员顾问，于 2013—2017 年担任 IPPA

董事会成员，于 2013 年担任洛杉矶 IPPA 世界积极心理学大会主席。目前，他担任西部积极心理学协会 (WPPA) 主席。

他发表了数百篇同行评议的学术文章、章节、评估报告，以及 20 多本关于积极心理学和评估科学的图书，包括《心流 2.0：在复杂世界中创造最优体验》（2024 年）、《大学生的幸福与成功：应用 PERMA+4 架构》（2024 年）、《积极组织心理干预：设计与评估》（2021 年）、《积极心理科学》（2020 年）、《构建积极关系心理学》（2018 年）、《积极心理学的科学进展》（2017 年），以及《应用积极心理学》（2011 年）。

唐纳森因在学术研究和评估领域的贡献，荣获诸多职业生涯成就奖项，包括 2021 年国际积极心理学协会会士奖，2019 年国际积极心理学协会工作与组织部研究转化实践模范奖，以及 2019 年 SIPPA 鼓舞人心导师奖。

马修·杜宾博士

杜宾是一位组织心理学家，也是促进工作中的心流体验的一位先行实践者。他是维恩集体（Venn Collective）公司联合创始人，该咨询公司以基于心流的原则为组织机构提供文化和领导力发展咨询服务，致力于创造高效能组织。杜宾主要与体育、媒体和娱乐行业组织合作,合作伙伴包括洛杉矶湖人队、美国女子足球联赛、FanDuel公司、多伦多蓝鸟队、福克斯体育和派拉蒙影业等。

杜宾在克莱蒙特研究生大学取得心理学博士学位,其导师是米哈里博士。杜宾因其关于培养职场中的心流体验的博士论文,获得首届米哈里·契克森米哈赖优秀积极心理学博士论文奖。之前,他在密歇根大学获得了文学学士学位,在那里,他通过自己的第一位职业导师克里斯托弗·彼得森博士首次接触心流理论。

杜宾现居洛杉矶,与妻子和两个年幼的孩子一起生活。在工作之余,他喜爱打篮球和弹吉他,和女儿一起烘焙甜点,和朋友们闲聊体育话题,当然,还会谈论和阅读有关心流的内容。从这些活动中,他收获了很多心流体验。

参考文献

导言

1. Butler, J. and Kern, M. L. (2016). The PERMA-profiler: A brief multidimensional measure of flourishing. *International Journal of Wellbeing*, 6(3): 1-48. https://doi.org/10.5502/ijw.v6i3.526
2. Cabrera,V. (2024). PERMA+4 building blocks of well-being: A mixed-methods exploration of mechanisms & conditions that enable the subjective well-being of workers. Doctoral dissertation, Claremont, CA: Claremont Graduate University.
3. Cabrera,V. and Donaldson, S. I. (2023). PERMA to PERMA+4 building blocks of well-being: A systematic review of the empirical literature, *The Journal of Positive Psychology* 3(19): 510-529.

4 Csikszentmihalyi, M. (1990). *Flow: The Psychology of Optimal Experience*. New York: HarperCollins.

5 Csikszentmihalyi, M. (2020). Positive psychology and a positive worldview: New hope for the future of humankind. In S. I. Donaldson, M. Csikszentmihalyi, and J. Nakamura (eds.), *Positive Psychological Science: Improving Everyday Life, Well-Being, Work, Education, and Society* (2nd ed.). New York: Routledge Academic.

6 Diener, E., Emmons, R. A., Larsen, R. J., and Griffin, S. (1985). The satisfaction with life scale. *Journal of Personality Assessment* 49(1):71–75.

7 Donaldson, S. I. (2019). *Evaluating Employee Positive Functioning and Performance: A Positive Work and Organizations Approach*. Doctoral dissertation. Claremont, CA: Claremont Graduate University.

8 Donaldson, S. I. and Chen, C. (2021). *Positive Organizational Psychology Interventions: Design and Evaluation*. Hoboken, NJ: John Wiley & Sons.

9 Donaldson, S. I. and Donaldson, S. I. (2021a). Examining PERMA+4 and work role performance beyond self-report bias: Insights from multitrait-multimethod analyses. *Journal of Positive Psychology* 17(6): 1–10.

10 Donaldson, S. I. and Donaldson, S. I. (2021b). The positive functioning at work scale: Psychometric assessment, validation, and measurement invariance. *Journal of Wellbeing Assessment* 4: 181–215.

11 Donaldson, S. I., Cabrera,V., and Gaffaney, J. (2021). Following the science to generate well-being: Using the highest quality experimental evidence to design interventions. *Frontiers in Psychology*12.

12 Donaldson, S. I., *Gaffaney*, J., and Caberra,V. (2023). The science and practice of positive psychology: From a bold vision to PERMA+4. Invited for C. Markey and H. S. Friedman (eds.), *The 3rd Edition of the Encyclopedia of*

Mental Health. Cambridge, MA: Academic Press.

13 Donaldson, S. I., Heshmati, S., Young, J. Y., and Donaldson, S. I. (2020). Examining building blocks of wellbeing beyond PERMA and self-report bias. *Journal of Positive Psychology* 17(6): 811-818.

14 Donaldson, S. I., van Zyl, L. E., and Donaldson, S. I. (2022). PERMA+4: A framework for work-related wellbeing, performance and positive organizational psychology 2.0. *Frontiers in Psychology* 12: 817244. https://doi.org/10.3389/fpsyg.2021.817244

15 Griffin, M. A., Neal, A., and Parker, S. K. (2007). A new model of work role performance: Positive behavior in uncertain and interdependent contexts. *Academy of Management Journal* 50(2): 327-347.

16 Kern, M. L., Waters, L., Adler, A., and White, M. (2014). Assessing employee wellbeing in schools using a multifaceted approach: Associations with physical health, life satisfaction, and professional thriving. *Psychology* 5: 500-513. https://doi.org/10.4236/psych.2014.56060

17 Kern, M. L., Waters, L. E., Adler, A., and White, M. A. (2015). A multidimensional approach to measuring wellbeing in students: Application of the PERMA framework. *Journal of Positive Psychology* 10(3): 262-271. https://doi.org/10.1080/17439760.2014.936962

18 Luthans, F., Avolio, B., Avey, J., and Norman, S. (2007). Positive psychological capital: Measurement and relationship with performance and satisfaction. *Personnel Psychology* 60: 541-572.

19 Seligman, M. E. P. (2011). *Flourish*. Simon & Schuster.

20 Seligman, M.E.P. (2018). PERMA and the building blocks of well-being. *Journal of Positive Psychology* 13(4): 333-335.

21 Seligman, M. E. P. and Csikszentmihalyi, M. (2000). Positive psychology: An

introduction. *American Psychologist* 55(1): 5-14.

22 Weiss, E. L., Donaldson, S. I., and Reece, A. (2024). Well-being as a predictor of academic success in student veterans and factor validation of the PERMA+4 well-being measurement scale. *Journal of American College Health*. https://doi.org/10.1080/07448481.2023.2299417

第一章

1 Abuhamdeh, S. and Csikszentmihalyi, M. (2009). Intrinsic and extrinsic motivational orientations in the competitive context: An examination of person-situation interactions. *Journal of Personality* 77(5): 1615-1635.

2 Baumann, N. (2012). Autotelic personality. In S. Engeser (ed.), *Advances in Flow Research* (pp. 165-186). Springer Science + Business Media.

3 Cowley, B., Charles, D., Black, M., and Hickey, R. (2008). Towards an understanding of flow in video games. *Computers in Entertainment* 6(2): 1-27.

4 Csikszentmihalyi, M. (1975). *Beyond boredom and anxiety*. San Francisco: Jossey-Bass.

5 Csikszentmihalyi, M. (1985). Emergent motivation and the evolution of the self. *Advances in Motivation and Achievement* 4: 93-119.

6 Csikszentmihalyi, M. (1990). *Flow: The Psychology of Optimal Experience*. New York: HarperCollins.

7 Csikszentmihalyi, M. (1997). *Finding Flow: The Psychology of Engagement with Everyday Life*. New York: HarperCollins.

8 Csikszentmihalyi, M. (2003). *Good Business: Leadership, Flow, and the Making of Meaning*. New York: Viking.

9 Csikszentmihalyi, M. and Csikszentmihalyi, I. S. (eds.) (1988). *Optimal

Experience: Psychological Studies of Flow in Consciousness. New York: Cambridge University Press.

10 Csikszentmihalyi, M. and Rathunde, K. (1993). The measurement of flow in everyday life: Toward a theory of emergent motivation. *Nebraska Symposium on Motivation* 40: 57–97.

11 Davies, H. (1996). *The Beatles* (2nd rev. ed.). W. W. Norton.

12 Earls, J. (2007). *How to Become a Guitar Player from Hell*. Fritch, TX: Peroma Publications.

13 Gosling, J., Jones, S., and Sutherland, I. (2012). *Key Concepts in Leadership*. SAGE Publications Ltd.

14 Harris, D. J., Allen, K. L., Vine, S. J., and Wilson, M. R. (2023). A systematic review and meta-analysis of the relationship between flow states and performance. *International Review of Sport and Exercise Psychology* 16(1): 693–721.

15 Haworth, J. T. (1993). Skill-challenge relationships and psychological well-being in everyday life. *Society and Leisure* 16(1): 115–128.

16 Jackson, S. A. and Roberts, G. C. (1992). Positive performance states of athletes: Toward a conceptual understanding of peak performance. *The Sports Psychologist* 6(2): 156–171.

17 Jackson, S. A., Thomas, P. R., Marsh, H. W., and Smethurst, C. J. (2001). Relationships between flow, self-concept, psychological skills, and performance. *Journal of Applied Sport Psychology* 13(2): 129–153.

18 Kennedy, K. (ed.). (2005, February 21). Players. *Sports Illustrated*, pp. 29–35.

19 Mauri, M., Cipresso, P., Balgera, A., and Villamira, M. (2011). Why is Facebook so successful? Psychophysiological measures describe a core

flow state while using Facebook. *Cyberpsychology and Behavior: The Impact of the Internet, Multimedia, and Virtual Reality on Behavior and Society* 14(12): 723–731.

20 Microsoft. (2023, May 9). *Will AI fix work?* WorkLab. Retrieved from https://www.microsoft.com/en-us/worklab/work-trend-index/will-ai-fix-work

21 Nakamura, J. and Csikszentmihalyi, M. (2002). The concept of flow. In C. R. Snyder and S. J. Lopez (eds.), *Handbook of Positive Psychology* (pp. 89–105). New York: Oxford University Press.

22 Nakamura, J. and Csikszentmihalyi, M. (2009). Flow theory and research. In S. J. Lopez and C. R. Snyder (eds.), *Oxford Handbook of Positive Psychology* (3rd ed., pp. 195–206). New York: Oxford University Press.

23 Nakamura, J. and Dubin, M. (2015). Flow in motivational psychology. In J.D. Wright (ed.), *International Encyclopedia of the Social and Behavioral Sciences* (2nd ed., pp. 260–265). Waltham, MA: Elsevier.

24 Peterson, C. (2006). *A Primer in Positive Psychology*. New York, NY: Oxford University Press.

25 Publisher (2015, May 19). *Sodajerker presents... Adam Duritz. Songwriting Magazine*. Retrieved from https://www.songwritingmagazine.co.uk/interviews/sodajerker-presents-adam-duritz

26 Ryan, R. M. and Deci, E. L. (2000). Intrinsic and extrinsic motivations: Classic definitions and new directions. *Contemporary Educational Psychology*, 25: 54–67.

27 Saefong, B. (2021, August 6). *5 songs guitarists need to hear by... Jimi Hendrix*. Retrieved from https://www.musicradar.com/news/5-songs-guitarists-need-to-hear-by-jimi-hendrix

28 Saymeh, A. (2023, February 22). *What is imposter syndrome? Definition,*

symptoms, and overcoming it. BetterUp.
29 Schulte, B. (2020, October 7). *Time confetti and the broken promise of leisure.*
30 Uitti, J. (2022). *The top 22 Jimi Hendrix quotes.* American songwriter.
31 Ullen, F., Manzano, O., Almeida, A., Magnusson, P. K. E., Pedersen, N. L., Csikszentmihalyi, M., and Madison, G. (2012). Proneness for psychological flow in everyday life: Associations with personality and intelligence. *Personality and Individual Differences* 52: 167–172.
32 Zubair, A. and Kamal, A. (2015). Authentic leadership and creativity: Mediating role of work-related flow and psychological capital. *Journal of Behavioural Sciences* 25(1): 150–171

第二章

1 Abrahams, R. and Groysberg, B. (2021, December 21). How to become a Better listener. *Harvard Business Review.* https://hbr.org/2021/12/how-to-become-a-better-listener
2 Associated Press. (2024, February 9). Today in history: The Beatles appear on "The Ed Sullivan Show." *Chicago Tribune.*
3 Bavelas,J. B., Black,A., Lemery, C. R., and Mullett,J. (1987). Motor mimicry as primitive empathy. In N. Eisenberg and J. Strayer (eds.),*Empathy and Its Development* (pp. 317–338). Cambridge University Press.
4 Cambridge Dictionary. Retrieved from https://dictionary.cambridge.org/us/dictionary/english/collective
5 Csikszentmihalyi, M. (1990). *Flow: The Psychology of Optimal Experience.* New York: HarperCollins.
6 Drucker, P. (2016). In S. Ratcliffe (ed.), *Oxford Essential Quotations.* Oxford

University Press.

7   Dubin, M. (2018). Experiencing flow at work as a digital native in an accelerated knowledge economy. Doctoral dissertation. Claremont Graduate University, Claremont, CA.

8   Duhigg, C. (2016, February 25). *What Google Learned from Its Quest to Build the Perfect Team. The New York Times Magazine.*

9   Edmondson, A. C. and Lei, Z. (2014). Psychological safety: The history, renaissance, and future of an interpersonal construct. *Annual Review of Organizational Psychology and Organizational Behavior* 1: 23–43.

10 Gunderman, R. (2019, May 16). Life lessons of the greatest coach. *Psychology Today.* https://www.psychologytoday.com/us/blog/fully-human/201905/life-lessons-the-greatest-coach

11 Hatfield, E., Cacioppo, J. T., and Rapson, R. L. (1993). Emotional contagion. *Current Directions in Psychological Science* 2(3): 96–99.

12 Jones, S. M., Bodie, G. D., and Hughes, S. D. (2019). The impact of mindfulness on empathy, active listening, and perceived provisions of emotional support. *Communication Research* 46(6): 838–865.

13 Koskinen, K. U., Pihlanto, P., and Vanharanta, H. (2003). Tacit knowledge acquisition and sharing in a project work context. *International Journal of Project Management* 21(4): 281–290.

14 Lencioni, P. (2002). *The 5 Dysfunctions of a Team.* San Francisco, CA: Jossey-Bass.

15 Nonaka, I. and Takeuchi, H. (1995). *The Knowledge-Creating Company: How Japanese Companies Create the Dynamics of Innovation.* Oxford, UK: Oxford University Press.

16 Pels, F., Kleinert, J., and Mennigen, F. (2018). Group flow: A scoping review

of definitions, theoretical approaches, measures and findings. *PLoS ONE* 13(12).

17　Peterson, C. (2006). *A Primer in Positive Psychology*. New York: Oxford University Press.

18　Peterson, C. (2008, June 17). Other people matter: Two examples. *Psychology Today*. https://www.psychologytoday.com/us/blog/the-good-life/200806/other-people-matter-two-examples

19　Reader's Digest. (2006). *Treasury of Wit and Wisdom: 4,000 of the Funniest, Cleverest, Most Insightful Things Ever Said*. Reader's Digest Association.

20　Salanova, M., Rodríguez-Sánchez, A. M., Schaufeli,W. B., and Cifre, E. (2014). Flowing together: A longitudinal study of collective efficacy and collective flow among workgroups. *The Journal of Psychology: Interdisciplinary and Applied*, 148(4), 435-455.

21　Sawyer, K. (2007). *Group Genius: The Creative Power of Collaboration*. Basic Books.

22　Tannebaum, R. (2015, November 12). Billboard cover: Paul McCartney reveals the stories behind the Beatles' no. 1 hits. *Billboard*.

23　Understand "*What is an effective team?*" Google re:Work.

24　Van den Hout, J. J. J., Davis, O. C., and Weggeman, M. C. D. P. (2018). The conceptualization of team flow. *The Journal of Psychology* 152(6): 388-423.

25　Vince Lombardi quotes. 247 Sports.

26　Walker, C. J. (2010). Experiencing flow: Is doing it together better than doing it alone? *The Journal of Positive Psychology* 5(1): 3-11.

27　Wyatt, C. (2021, May 3). What Phil Jackson's leadership teaches us about remote team-building. *Entrepreneur*.

第三章

1 Aksoy, C. G., Barrero, J. M., Bloom, N., Davis, S. J., Dolls, M., and Zarate, P. 2022). Working from home around the world. *CESifo Forum* 23(6): 38–41.

2 Bakker, A. B. (2005). Flow among music teachers and their students: The crossover of peak experiences. *Journal of Vocational Behavior* 66: 26–44.

3 Barrero, J. M., Bloom, N., and Davis, S. J. (2021). *Why working from home will stick* (No. 28731). http://www.nber.org/papers/w28731

4 Beňo, M. (2021). The advantages and disadvantages of e-working: An examination using an aldine analysis. *Emerging Science Journal* 5(Special issue): 11–20. https://doi.org/10.28991/esj-2021-SPER-02

5 Borreli, L. (2015, May 14). *Human attention span shortens to 8 seconds due to digital technology: 3 ways to stay focused*. Retrieved from http://www.medicaldaily.com/human-attention-span-shortens-8-seconds-due-digital-technology-3-ways-stay-focused-333474

6 Cameron, K. S., Dutton, J. E., and Quinn, R. E. (2003). *Positive Organizational Scholarship: Foundations for a New Discipline*. San Francisco, CA: Berrett-Koehler.

7 Crooke, M. W. (2008). *A Mandala for Organizations in the 21st Century*. Doctoral dissertation. Claremont Graduate University, Claremont, CA.

8 Csikszentmihalyi, M. (1990). *Flow: The Psychology of Optimal Experience*. New York: HarperCollins.

9 Csikszentmihalyi, M. (1997). *Finding Flow: The Psychology of Engagement with Everyday Life*. New York: HarperCollins.

10 Csikszentmihalyi, M. (2003). *Good Business: Leadership, Flow, and the Making of Meaning*. New York: Viking.

11 Csikszentmihalyi, M. and LeFevre, J. (1989). Optimal experience in work

and leisure. *Journal of Personality and Social Psychology* 56: 815-822.

12 Demerouti, E. (2006). Job characteristics, flow, and performance: The moderating role of conscientiousness. *Journal of Occupational Health Psychology* 11(3): 208-266.

13 Donaldson, S. I. and Ko, I. (2010). Positive organizational psychology, behavior, and scholarship: A review of the emerging literature and evidence base. *Journal of Positive Psychology* 5(3): 177-191.

14 Dubin, M. (2018). Experiencing flow at work as a digital native in an accelerated knowledge economy (doctoral dissertation). Claremont Graduate University, Claremont, CA.

15 Fullagar, C. and Kelloway, E. K. (2009). Flow at work: An experience sampling approach. *Journal of Occupational and Organizational Psychology* 82: 595-615.

16 Fullagar, C. and Kelloway, E. K. (2013). Work-related flow. In A. Bakker, and K. Daniels (eds.), *A Day in the Life of a Happy Worker* (pp. 41-57). London: Psychology Press.

17 Galanti,T., Guidetti, G., Mazzei, E., Zappalà, S., and Toscano, F. (2021). Work from home during the COVID-19 outbreak: The impact on employees' remote work productivity, engagement, and stress. *Journal of Occupational and Environmental Medicine* 63(7): E426-E432. https://doi.org/10.1097/JOM.0000000000002236

18 Harackiewicz, J. M., Barron, K.E., and Elliot, A.J. (1998). Rethinking achievement goals: When are they adaptive for college students and why? *Educational Psychologist* 33(1): 1-21.

19 Harter, J. (2023). US employee engagement needs a rebound in 2023. https://www.gallup.com/workplace/468233/employee-engagement- needs-

rebound-2023.aspx

20 Luthans, F. (2002a). The need for and meaning of positive organizational behavior. *Journal of Organizational Behavior: The International Journal of Industrial, Occupational and Organizational Psychology and Behavior* 23(6): 695-706.

21 Luthans, F. (2002b). Positive organizational behavior: Developing and managing psychological strengths. *Academy of Management Perspectives* 16(1): 57-72.

22 Martin, A. J. and Jackson, S. A. (2008). Brief approaches to assessing task absorption and enhanced subjective experience: Examining 'short' and 'core' flow in diverse performance domains. *Motivation and Emotion* 32: 141-157.

23 Nielsen, K. and Cleal, B. (2010). Predicting flow at work: Investigating the activities and job characteristics that predict flow states at work. *Journal of Occupational Health Psychology* 15(2): 180-190.

24 Rivkin,W., Diestel, S., and Schmidt, K. H. (2016). Which daily experiences can foster well-being at work? A diary study on the interplay between flow experiences, affective commitment, and self-control demands. *Journal of Occupational Health Psychology* 23(1). https://doi.org/10.1037/ocp0000039

25 Salanova, M., Bakker, A. B. and Llorens, S. (2006). Flow at work: Evidence for an upward spiral of personal and organizational resources. *Journal of Happiness Studies* 7: 1-22.

26 StatCan. (2021). Working from home during the COVID-19 pandemic, April 2020 to June 2021. https://www150.statcan.gc.ca/n1/pub/36-28-0001/2022008/article/00001-eng.htm

27 US Surgeon General (2022). The US Surgeon General's framework

for workplace mental health and well-being. https://www.hhs.gov/surgeongeneral/priorities/workplace-well-being/index.html

28 Van Zyl, L., Gaffaney, J., Van der Vaart, L., Dik, B., and Donaldson, S. I. (2023). The critiques and criticisms of positive psychology: A systematic review. *Journal of Positive Psychology*.

29 Yan, Q. and Donaldson, S. I. (2023). What are the differences between flow and work engagement? A systematic review of positive intervention research. *The Journal of Positive Psychology* 18(3): 449–459. https://doi.org/10.1080/17439760.2022.2036798

30 Zito, M., Cortese, C. G., and Colombo, L. (2015). Nurses' exhaustion: The role of flow at work between job demands and job resources. *Journal of Nursing Management* 24(1): 12-22.

31 Zubair, A. and Kamal, A. (2015). Authentic leadership and creativity: Mediating role of work-related flow and psychological capital. *Journal of Behavioural Sciences* 25(1): 150-171.

第四章

1 AZ Quotes. John Wooden quotes about purpose. https://www.azquotes.com/author/15923-John_Wooden/tag/purpose

2 Agassi, A. (2020, July 10). *Andre Agassi... remembering 1992 wimbledon*. ATP Tour. https://www.atptour.com/en/news/agassi-1992-wimbledon-atp-heritage

3 Brooks,T. and Marsh, E. (2007). *The Complete Directory to Prime Time Network and Cable TVShows 1946-Present* (9th ed.). Ballantine Books.

4 Caldwell, H. (2023, March 1). *How do top athletes get in into the zone? By getting uncomfortable*. TED. https://ideas.ted.com/how-do-top-athletes-get-

into-the-zone-by-getting-uncomfortable/

5　Chayka, K. (2020, November 16). "Emily in Paris" and the rise of ambient TV. *The NewYorker*.

6　Chen, J. (2007). Flow in games (and everything else). *Communications of the ACM* 50(4): 31–34.

7　Cowley E. (2012). As a backdrop, part of the plot, or a goal in a game: The ubiquitous product placement. In Shrum L. J. (ed.). *The Psychology of Entertainment Media: Blurring the Lines between Entertainment and Persuasion* (2nd ed., pp. 37–63). New York: Taylor and Francis.

8　Cowley, B., Charles, D. Black, M., and Hickey, R. (2008). Toward an understanding of flow in video games. *Computers in Entertainment* 6(2): 27 pages.

9　Csikszentmihalyi, M. (1990). *Flow: The Psychology of Optimal Experience*. New York: HarperCollins.

10　Dunn, J. (2024, January 4). Day 5: The magic of losing yourself in a task. *The New York Times*.

11　Gilbert, D. (2007). *Stumbling on Happiness*. New York: Vintage Books.

12　Grant, A. (2021, December 3). There's a name for the blah you're feeling: It's called languishing. *The New York Times*. https://www.nytimes.com/2021/04/19/well/mind/covid-mental-health-languishing.html

13　Grant, A. (2023). *You are not a machine*. LinkedIn.

14　Harris, D. J., Vine, S. J., and Wilson, M. R. (2017). Is flow really effortless? The complex role of effortful attention. *Sport, Exercise, and Performance Psychology* 6(1): 103–114.

15　Hurtado, T. (2023, November 30). *Living Your Own Life Agenda: Leisure*. University of Utah Health. https://uofuhealth.utah.edu/notes/2023/11/livingyour-own-life-agenda-leisure

16 Iso-Ahola, S. (1979). Basic dimensions of definitions of leisure. *Journal of Leisure Research* 11: 28-39.

17 Jackson, S. A. and Csikszentmihalyi, M. (1999). *Flow in Sports: The Keys to Optimal Experiences and Performances*. Human Kinetics Books.

18 Jackson, S. A. and Roberts, G. C. (1992). Positive performance states of athletes: Toward a conceptual understanding of peak performance. *The Sports Psychologist* 6(2): 156-171.

19 Jin, S. A. (2012). Toward integrative models of flow: Effects of performance, skill, challenge, playfulness, and presence on flow in video games. *Journal of Broadcasting and Electronic Media* 56(2): 169-186.

20 Keller, J. and Landhäußer, A. (2012). The flow model revisited. In S. Engeser (ed.), *Advances in Flow Research* (pp. 51-64). New York: Springer.

21 Ledecky, K. (2020, July 2). *Tokyo, 2020ne here we come*! Facebook.

22 Linn, J. (2024, March 1). LeBron James' viral statement after lakers vs. clippers. *Sports Illustrated*. https://www.si.com/nba/clippers/news/lebron-james-viral-statement-after-lakers-vs-clippers

23 Mannell, R. C. (1984). A psychology for leisure research. *Society and Leisure* 7(1): 13-21.

24 Morrison, D. (2022, April 21). John Calipari quotes to inspire and entertain basketball fans. *On3*. https://www.on3.com/news/john-calipari-quotes-to-inspire-and-entertain-basketball-fans/

25 Nakamura, J. and Csikszentmihalyi, M. (2002). The concept of flow. In C. R. Snyder and S. J. Lopez (eds.). *Handbook of Positive Psychology* (pp. 89-105). Oxford University Press.

26 Neulinger, J. (1974). *The Psychology of Leisure: Research Approaches to*

the Study of Leisure. Springfield, IL: Charles C. Thomas.

27 Neulinger, J. (1981). *The Psychology of Leisure* (2nd ed.). Springfield, IL: Charles C. Thomas.

28 Nicholls A. R., Perry J. L., Jones L., Sanctuary C., Carson F., Clough P. J. (2015). The mediating role of mental toughness in sport. *The Journal of Sports Medicine and Physical Fitness* 55(7–8): 824–834.

29 Nunley, K. (2024, January 27). 23 *Lebron James quotes: Lessons in failure, family, and grit. Home School Hoop*.

30 Perkins, K. and Nakamura, J. (2012). Flow and leisure. In *Positive Leisure Science: From Subjective Experience to Social Contexts* (pp. 141–157). Dordrecht: Springer Netherlands.

31 Primeau, L. A. (1996). Work and leisure: Transcending the dichotomy. *American Journal of Occupational Therapy* 50: 569–577.

32 Shaw, E. (2016). Getty Images.

33 Stampone, A. (2019, August 27). 16 inspiring quotes from U.S. open tennis legend Arthur Ashe. *Entrepreneur*. https://www.entrepreneur.com/business-news/16-inspiring-quotes-from-us-open-tennis-legend-arthur-ashe/338541

34 Stroupe, B. (2022, January 26). *Heart rate during game and my heartratewatching the game*. Twitter.

35 Tinsley, H. E. and Tinsley, D. J. (1986). A theory of the attributes, benefits, and causes of leisure experience. *Leisure Sciences* 8(1): 1–45.

36 Vaughn, D., Best, R., and Vieira, R. (2017, November 23). *Flow experience and sports products*. University of Oregon Lundquist College of Business. https://business.uoregon.edu/news/flow-experience-and-sports-products

37 Watkins Ross. *Setting Olympic sized goals to achieve financial success*.

第五章

1 Apple Vision Pro. (2024). https://www.apple.com/apple-vision-pro/

2 Baird, B., Smallwood, J., and Schooler, J. W. (2011). Back to the future: Autobiographical planning and the functionality of mind-wandering. *Consciousness and Cognition: An International Journal* 20(4), 1604–1611.

3 Beard, K. W. and Wolf, E. M. (2001). Modification in the proposed diagnostic criteria for internet addiction. *Cyberpsychology and Behavior* 4(3), 377–383.

4 Blanding, J. (2015). Getty Image. The Boston Globe.

5 Burkeman, O. (2021). *Four Thousand Weeks: Time Management for Mortals*. Farrar, Straus and Giroux.

6 Cotriss, D. (2022, October 31). *How AI is supercharging digital twins*. Nasdaq. https://www.nasdaq.com/articles/how-ai-is-supercharging-digital-twins

7 Csikszentmihalyi, M. (1975). *Beyond Boredom and Anxiety*. San Francisco: Jossey-Bass.

8 Csikszentmihalyi, M. (1990). *Flow: The Psychology of Optimal Experience*. New York: HarperCollins.

9 Csikszentmihalyi, M. and Rathunde, K. (1993). The measurement of flow in everyday life: Toward a theory of emergent motivation. *Nebraska Symposium on Motivation* 40: 57–97.

10 Danckert, J. (2023, August 8). *James Danckert on the (Important) Role of Boredom in Our Lives*. University of Waterloo. https://uwaterloo.ca/arts/news/james-danckert-important-role-boredom-our-lives

11 Dubin, M. (2018). *Experiencing Flow at Work as a Digital Native in an Accelerated Knowledge Economy*. Doctoral dissertation. Claremont, CA: Claremont Graduate University.

12 Gasper, K. and Middlewood, B. L. (2014). Approaching novel thoughts: Understanding why elation and boredom promote associative thought more than distress and relaxation. *Journal of Experimental Social Psychology* 52: 50–57.

13 ICD-10. World Health Organization. (1994). *International Statistical Classification of Diseases and Related Health Problems*. ICD-10. Genève: World Health Organization.

14 Koss, H. (2022, October 6). What is the metaverse, really? *Builtin*. https://builtin.com/media-gaming/what-is-metaverse

15 Kroencke, L., Harari, G. M., Back, M. D., and Wagner, J. (2023). Well-being in social interactions: Examining personality-situation dynamics in face-to-face and computer-mediated communication. *Journal of Personality and Social Psychology* 124(2): 437–460.

16 McMahon, J. (2023, August, 31). What are the meetings in the metaverse? The future of virtual office. *Linezero*. https://www.linezero.com/blog/what-are-the-meetings-in-the-metaverse

17 Meta. 2024.

18 Newport, C. (2016, November 11). Neil Gaiman's advice to writers: Get bored. *Cal Newport*. https://calnewport.com/neil-gaimans-advice-to-writers-get-bored/

19 Oldenburg, R. (1989). *The Great Good Place*. New York: Paragon House.

20 Oppong, T. (2019, October 18). *Good social relationships are the most consistent predictor of a happy life*. Thrive Global. https://community.thriveglobal.com/relationships-happiness-well-being-life-lessons/

21 Park, G., Lim, B. C., and Oh, H. S. (2019). Why being bored might not be a bad thing after all. *Academy of Management* 5(1).

22 RLTY. (2023, August 30. *Apple vision pro and spatial computing: What does it mean for RLTY?*

23 Schoenherr, J. R. (2022, July 22). Digital doubles: In the future, virtual versions of ourselves could predict our behaviour. *The Conversation.*

24 Schroeder, J., Risen, J. L., Gino, F., and Norton, M. I. (2019). Handshaking promotes deal-making by signaling cooperative intent. *Journal of Personality and Social Psychology* 116(5): 743-768.

25 Schüler, J. (2012). The dark side of the moon. In S. Engeser (ed.), *Advances in flow Research* (pp. 123-137). Springer Science + Business Media.

26 Schultz, H. (2008, February 24). *Howard Schultz communication transformation agenda communication #8.* Starbucks Stories and News.

27 Schwartz, B. (2016). *The Paradox of Choice.* ECCO Press.

28 Stone, A. R. (1991). Will the real body please stand up? In M. Benedikt (ed.). *Cyberspace: First Steps*, Cambridge, MA: MIT Press.

29 Thatcher, A., Wretschko, G., and Fridjhon, P. (2008). Online flow experiences, problematic internet use and internet procrastination. *Computers in human behavior* 24(5): 2236-2254.

30 Thompson, D. (2024, February 14). Why Americans suddenly stopped hanging out. *The Atlantic.*

31 Thompson, D. (host). (2024, January 9). The dark side of the obsession with focus. *Plain English.* Audio podcast. January 9; 45 min, 34 sec.

32 Witters, D. (2023, May 17). *U.S. depression rates reach new highs.* Gallup.

33 Zimanyi, Z. and Schüler, J. (2021). The dark side of the moon. In C. Peifer and S. Engeser (eds.). *Advances in Flow Research* (pp. 171-190). Springer Nature Switzerland AG.

第六章

1. Cameron, K. (2021) Positively energizing leadership. Oakland, CA: Berrett-Koehler.

2. Csikszentmihalyi, M. (1990). *Flow: The Psychology of Optimal Experience*. New York: HarperCollins.

3. Csikszentmihalyi, M. (1996). *Creativity: Flow and the Psychology of Discovery and Invention*. New York: HarperCollins.

4. Csikszentmihalyi, M. (2020). Positive psychology and a positive worldview: New hope for the future of humankind. In S. I. Donaldson, M. Csikszentmihalyi, and J. Nakamura (eds.), *Positive Psychological Science: Improving Everyday Life, Well-Being, Work, Education, and Society* (2nd ed.). New York: Routledge Academic.

5. Donaldson, S. I. (2020). Using positive psychological science to design and evaluate interventions. In S. I. Donaldson, M. Csikszentmihalyi, and J. Nakamura (eds.), *Positive Psychological Science: Improving Everyday Life, Well-Being, Work, Education, and Society* (2nd ed.). New York: Routledge Academic.

6. Donaldson, S. I. and Donaldson, S. I. (2018). Other people matter: The power of positive relationships. In Warren, M. A. and S. I. Donaldson. *Toward a Positive Psychology of Relationships: Theory and Research*. Westport, CT: Praeger.

7. Donaldson, S. I. and Donaldson, S. I. (2024, in press). PERMA+4 and positive organizational psychology 2.0: Opportunities for embracing methodological and technological innovations.

8. Donaldson, S. I., Cabrera, V., and Gaffaney, J. (2021). Following the science to generate well-being: Using the highest quality experimental evidence

to design interventions. *Frontiers in Psychology*. https://doi.org/10.3389/fpsyg.2021.739352

9 Donaldson, S. I., Csikszentmihalyi, M., and Nakamura, J. (2020). *Positive Psychological Science: Improving Everyday Life, Well-Being, Work, Education, and Society* (2nd ed.). New York: Routledge Academic.

10 Donaldson, S. I., Dollwet, M., and Rao, M. (2015). Happiness, excellence, and optimal human functioning revisited: Examining the peer-reviewed literature linked to positive psychology. *Journal of Positive Psychology* 9(6): 1–11.

11 Donaldson, S. I., Gaffaney, J., and Caberra, V. (2023). The science and practice of positive psychology: From a bold vision to PERMA+4. In C. Markey and H. S. Friedman (eds.), *The 3rd Edition of the Encyclopedia of Mental Health*. Cambridge, MA: Academic Press.

12 Donaldson, S. I., Van Zyl, L. E., and Donaldson, S. I. (2022). PERMA+4: A framework for work-related well-being, performance and positive organizational psychology 2.0. *Frontiers in Psychology* 12: 817244. https://doi.org/10.3389/fpsyg.2021.817244

13 Donaldson, S.I., Donaldson, S.I., McQuaid, M.L., and Kern, M.L. (2024). Systems-informed PERMA+4: Measuring well-being and performance at the employee, team, and supervisor levels of analysis. *International Journal of Applied Positive Psychology*.

14 Einstein, A. *Albert Einstein quotes. Good Reads*. https://www.goodreads.com/quotes/1008163-ego-1-knowledge-more-the-knowledge-lesser-the-ego-lesser-the

15 Gaffaney, J. and Donaldson, S. I. (2024). Evaluating criticisms and critiques: Recommendations for improving the science & practice of positive

psychology. Manuscript under review.

16 Hertzog, C. (2023, April 24). Review: Midori masterfully plays Bach's solo violin music for La Jolla music society. *The San Diego Union-Tribune*.

17 Kim, H., Doiron, K., Warren, M., and Donaldson, S. (2018). The international landscape of positive psychology research: a systematic review. *International Journal of Wellbeing* 8(1): 50–70. https://doi.org/10.5502/ijw.v8i1.651

18 Martin, D. and Donaldson, S. I. (2024). Lessons from debates about foundational positive psychology theories & frameworks: Positivity Ratio, Broaden & Build, Happiness Pie, PERMA to PERMA+4. *Journal of Positive Psychology*: 1–15, https://doi.org/10.1080/17439760.2024.2325452

19 Seligman, M.E.P. (2018). PERMA and the building blocks of well-being. *Journal of Positive Psychology* 13(4): 333–335.

20 Steimer, S. (2021, October 28). Mihaly Csikszentmihalyi, pioneering psychologist and "father of flow," 1934–2021. Uchicago News. https://news.uchicago.edu/story/mihaly-csikszentmihalyi-pioneering-psychologist-and-father-flow-1934-2021

21 Van Zyl, L., Gaffaney, J., Van der Vaart, L., Dik, B., and Donaldson, S. I. (2023). The critiques and criticisms of positive psychology: A systematic review. *Journal of Positive Psychology*.